उपयोगी रसायन
और
जीवन

डॉ. डी.डी. ओझा
श्रीमती दिना भट्‌ट

SCIENTIFIC
PUBLISHERS (INDIA)

Published by:

साईन्टिफिक पब्लिशर्स (इंडिया)
5–ए, न्यू पाली रोड़, पो.बॉ. नं. 91
जोधपुर
E-mail: info@scientificpub.com
Website: www.scientificpub.com

Branch Office
साईन्टिफिक पब्लिशर्स (इंडिया)
4806 / 24, अंसारी रोड़, दरियागंज
नई दिल्ली – 110 002

ISBN: 978-81-7233-814-5

मूल्य – 250 / –

टाईपसेट – राजेश ओझा
भारत में मुद्रित

परम पूज्यपाद गुरुवर,
आचार्य महामण्डलेश्वर,
श्री स्वामी महेशानंदजी गिरि महाराज
के
श्रीचरणों में सादर समर्पित

प्राक्कथन

वस्तुतः हमारे जीवन का कोई भी पक्ष रसायनों से अछूता नहीं है। वैज्ञानिकों ने तो हमारे जीवन को भी रासायनिक क्रिया की संज्ञा दी है। आधुनिक सदी में यदि हम रसायन विज्ञान की उपयोगिता एवं उसके योगदान की तुलना विद्युत् की उपादेयता से करें तो कोई अतिश्योक्ति नहीं होगी। इस विज्ञान ने मानव को असंख्य चीजें सुलभ करवाई है जिसका पूरा लेखा–जोखा करना असंभव है। आज इस विज्ञान के द्वारा मानव ने अपनी भौतिक प्रगति के क्षेत्र में विलक्षण आयाम स्थापित किए हैं। उसनें पेड़–पौधों, शारीरिक अंगों के विकल्प ढूंढ निकाले हैं, जीवन रक्षक औषधियों का निर्माण किया है तथा आज जितने सारे उद्योग हैं, वे सभी रसायन विज्ञान के परोक्ष–अपरोक्ष ढांचे पर ही आधारित हैं। इसी प्रकार यदि हम वस्त्र उत्पादन, कृषि, धातु निष्कर्षण, पेन्ट, प्लास्टिक, कम्प्यूटर निर्माण, सूचना प्रौद्योगिकी, जैव प्रौद्योगिकी, नैनो प्रौद्योगिकी एवं अंतरिक्ष अनुसंधान के क्षेत्र को ही लेवें तो इन सभी में सर्वत्र रसायन विज्ञान ही नजर आयेगा। इसी प्रकार देश की सुरक्षा, हथियार निर्माण एवं मानव संहार में भी इन रसायनों की भूमिका कम नहीं हैं। अतः यह कहा जा सकता है कि जीवन हो या मरण, रोग हो या भोग, रसायनों का ही यत्र–तत्र–सर्वत्र बोलबाला है।

रसायन विज्ञान में पृथ्वी से, पशुओं से और पेड़–पौधों से आश्चर्यजनक वस्तुएँ प्राप्त कर लेने की क्षमता है। वस्तुतः यह ऐसा विज्ञान है जिसके भीतर झाँकने पर ऐसी रंग–बिरंगी दुनिया दिखती है और अधिक जानने को मन ललचाता है। इससे जीवन तथा उसकी जटिलताओं को समझने की प्रेरणा मिलती है। प्रमुखतः इस विज्ञान में वस्तुओं के गुणधर्मों तथा रासायनिक क्रियाओं के फलस्वरूप घटित होनेवाले रूपांतरों का अध्ययन किया जाता है।

आज के युग में रसायन विज्ञान की जितनी उपशाखाएँ हैं, वे सभी एक नया विज्ञान बन गई हैं, जैसे–मृदा रसायन, जल रसायन, बहुलक रसायन, पर्यावरण रसायन, भैषजिक रसायन, औद्योगिक रसायन, नाभिकीय रसायन, खाद्य रसायन, वस्त्र रसायन और हरित रसायन आदि। इस विज्ञान ने मानव की मूलभूत आवश्यकताएँ, यथा – रोटी, कपड़ा एवं मकान को पूरा करने में भी सहयोग दिया हैं।

हम अपने दैनिक साफ–सफाई के कार्यो में साबुन, टूथपेस्ट तथा ब्रुश, शेविंगक्रीम, वाशिंग पाउडर, सोड़ा आदि के अलावा रसोईघर में मसालों आदि के रूप में कई रसायनों का उपयोग करते हैं। अपने दैनिक जीवन में रसायनों का उपयोग हम कई अन्य कार्यों के लिए भी करते हैं। शरीर के पोषण हेतु नाश्ते, भोजन आदि में विभिन्न प्रकार की खाद्य सामग्रियों का उपयोग करते हैं। सुस्ती भगाने और तरोताजा रहने के लिए चाय या कॉफी जैसे पदार्थों का उपयोग करते हैं। परंतु इन रसायनों में छिपे हुए गुण और प्रभाव हमारी जिज्ञासा के केन्द्र बनते हैं।

हम दिन भर में विज्ञान से जुड़े तकनीकी अनुप्रयोगों का भरपूर उपयोग करते हैं तथा जाने–अनजाने में इन यांत्रिक, विद्युत् और इलेक्ट्रॉनिक उपकरणों का इतना अधिक उपयोग करते हैं कि आज ये उपकरण हमारे अवचेतन के हिस्से बन गये हैं। सच तो यह है कि ये हमारे श्वॉस लेने और पानी पीने की तरह अनिवार्य प्रतीत होने लगे हैं। हमारे आस–पास नाना प्रकार के परिवर्तन होते रहते हैं। वर्षा के दिनों में लकड़ी को फूलते हुए और लोहे की चीजों पर जंग लगते हुए तथा तांबे से बनी वस्तुओं को हवा और नमी की उपस्थिति में काली पड़ती हुई हम देखते हैं। इन कार्यों में भी रसायन छुपे हुए हैं। बढ़ती हुई जनसंख्या के भरण–पोषण में खाद्य पदार्थों में मिलावट करनेवालों की भी कमी नहीं है। परन्तु रसायनविदों ने इनके निदान में अर्थात् मिलावट की जाँच घर पर ही करने की विधियाँ खोज ली है जिससे आम उपभोक्ता को राहत मिल सके। रसायनविज्ञान का विकराल रूप नाभिकीय ऊर्जा की संहारक शक्ति के रूप परमाणु बम तथा हाइड्रोजन बम बनाने में किया जा चुका है। रसायन जन्य प्रदूषण रूपी दानव से हम सभी त्रस्त हो चुके हैं। आज की इस वर्तमान सदी में प्रबुद्ध पाठकों को रसायन जनित प्रक्रियाओं एवं अनेकानेक प्रकृति के रहस्यों को जानने के लिए तथा रसायन विज्ञान की उपादेयता को

जन–जन तक पहुँचाने के लिए हमने "**उपयोगी रसायन और जीवन**" विषयक जनोपयोगी पुस्तक का प्रणयन अंतरराष्ट्रीय रसायन विज्ञान वर्ष के उत्तरार्द्ध में किया है।

इस महत्वपूर्ण पुस्तक में रसायन विज्ञान से संबंधित अनेकानेक विषयों पर अति महत्वपूर्ण तकनीकी जानकारी जो खाद्य, मनोरंजन, औषधि, सौन्दर्य प्रसाधन, वस्त्र, कृषि व बागवानी, आवास एवं सज्जा, औद्योगिक क्षेत्र, स्वर्ण एवं रजत निर्माण, अष्टधातु, नाभिकीय शक्ति, रोचक रसायनों से भरा संसार, प्रदूषण की रासायनिकी, पादप रसायन तथा हरित रसायनों से संबंधित तकनीकी जानकारी, प्रयोगशाला में रासायनिक दुर्घटनाओं से बचाव तथा भविष्य के रसायन विज्ञान विषयक जानकारी सरल एवं बोधगम्य भाषा में शताधिक चित्रों सहित प्रदान की गई हैं। इस पुस्तक में रसायनों से जुड़े हुए लगभग तरेपन शीर्षकों के अन्तर्गत प्रायः समस्त रसायनशास्त्र को रुचिकर एवं बोधगम्य शैली में प्रस्तुत करने का प्रयास किया है। हमारे देश में सी॰एस॰आई॰आर॰ के केन्द्रीय नमक एवं समुद्री रसायन अनुसंधान संस्थान (सीएसएमसीआरआई), भावनगर ने रसायन विज्ञान के उन्नयन हेतु अनेक जनोपयोगी अनुसंधान कार्य किए हैं जिनमें से कुछ महत्वपूर्ण अनुसंधान विषयक जानकारी इस पुस्तक में समाविष्ट की गई है। आशा है पुस्तक में प्रदत्त जानकारी से विद्यार्थी वर्ग, वैज्ञानिक, अभियंता, प्राधिकारी, शिक्षाविद् तथा सामान्य जनमानस अवश्य ही लाभान्वित होंगे तथा उनको यह विश्वास भी हो जायेगा कि रसायन विज्ञान जटिल नहीं वरन् जीवनोपयोगी विज्ञान है।

इस पुस्तक का सफल लेखन एवं प्रकाशन कार्य परम पूज्यपाद, **आचार्य महामण्डलेश्वर स्वामी श्री महेशानंदजी गिरि महाराज** के आशीर्वाद एवं कृपा से ही संभव हो सका है। अतः यह पुस्तक उन्हीं के श्रीचरणों में सादर समर्पित है। पुस्तक को जनोपयोगी एवं रुचिकर बनाने में पूज्य **स्वामी श्री स्वयंप्रकाशजी गिरि महाराज** ने बहुमूल्य सुझाव दिए। अतः लेखक उनके हृदय से कृतज्ञ हैं। लेखकद्वय, डॉ॰ पुष्पितो के॰ घोष, निदेशक, सीएसएमसीआरआई, भावनगर द्वारा प्रदत्त तकनीकी मार्गदर्शन हेतु उनके बहुत आभारी हैं। उन सभी कृतिकारों के भी हम हृदय से आभारी हैं जिनकी कृतियों का यत्किंचित् उपयोग जन सामान्य के ज्ञान अभिवृद्धि हेतु इस पुस्तक में किया गया है।

लेखक प्रो॰ शिवगोपाल मिश्र द्वारा प्रदत्त तकनीकी सहयोग एवं चिरकालीन उत्साहवर्द्धन हेतु उनके आभारी है। सीएसएमसीआरआई, भावनगर के वरिष्ठ प्रधान वैज्ञानिक डॉ॰ आर॰ एस॰ शुक्ला तथा राजभाषा अधिकारी श्री बी॰एम॰ शाह तथा सभी समन्वयक वैज्ञानिकों एवं विभागाध्यक्षों के भी हम कृतज्ञ हैं जिन्होंने इस पुस्तक लेखन व प्रकाशन में बहुमूल्य सुझाव देकर मार्गदर्शन किया है।

अतः पूर्ण विश्वास के साथ आशा की जाती है कि इस जनोपयोगी विषयक पुस्तक से प्रबुद्ध पाठकगण अवश्य लाभान्वित होंगे।

डॉ॰ डी॰डी॰ ओझा
श्रीमती दिना भट्ट

अनुक्रम

प्राक्कथन
रसायन विज्ञान की विकास यात्रा – पुरातन से अद्यतन 1
तत्वों के संकेत 3
तत्व के बारे में भारतीय एवं यूनानी सोच 4
तत्वों का रोचक नामकरण 10
समूचा संसार ही रसायन विज्ञान की प्रयोगशाला 12
रसविद्या का सूत्रपात 13
सोना बनाने की कला 14
पारे के विविध रूप 15
पुरातन कृतियों में वर्णित सोना प्राप्त करने की विधियाँ 16
रसायन विज्ञान रूपी वटवृक्ष की शाखाएँ 17
दैनिक जीवन में रसायन विज्ञान 18
रोगोपचार में रसायन विज्ञान 19
सिरदर्द 21
जलने की दवाएं 22
जुकाम, खाँसी की दवाएं 23
निर्जर्मीकारक 23
मृदुरेचक रसायन 24
यातना निवारक औषधियाँ 25
सम्मोहक या निद्राकारी 27
ऐंटिबायोटिक दवाएँ 28
हृदय एवं उच्चरक्तदाब के रोगियों हेतु नमक 29
गृहिणियों के लिए तथा खाद्य पदार्थों में भी रसायन विज्ञान 31
रसोईघर में अधातुएँ 34
खाद्यों में भरा रसायन 35
खाद्य पदार्थों में मिलावट ज्ञात करने के तरीके 37
देशी घी में मिलावट का पता लगाना 39
सरसों के तेल में मिलावट 40
हरी सब्जी में मिलावट 40

दालों तथा बेसन में मिलावट 41
आटे में मिलावट 41
चाय में मिलावट 41
मसालों में मिलावट 42
प्लास्टिक भी रसायनों की देन 47
पॉलिमर 48
विभिन्न प्रकार के प्लस्टिक 50
कृत्रिम रेशों का आधार भी प्लास्टिक 53
जैव अपघटनीय प्लास्टिक 54
जल शोधन में पॉलिमर (बहुलक) की उपयोगिता 57
प्लास्टिक के इंजिन, घर और ईंधन भी होंगे 60
प्लास्टिक के खतरे 62
रंगों की दुनिया में रसायन 65
रंजक एवं वर्णक 65
प्राकृतिक रंगों में रसायन 67
हानिरहित हर्बल गुलाल 70
पादप रसायन व मानव स्वास्थ्य 72
सौन्दर्य प्रसाधनों में छुपे रसायन 75
मिलावटी सौंदर्य प्रसाधन और उनका स्वास्थ्य पर कुप्रभाव 78
डियोडेरेन्ट या गन्धहारक 81
सुगंधित रसायन 89
कृषि रसायन 92
सामुद्रिक बिटर्न से पोटाश उर्वरक 95
उद्योगों में प्रयुक्त रसायन 97
मानव निर्मित रसायनजन्य पदार्थ 100
काँच 100
विभिन्न प्रकार के काँच 101
नाभिकीय रसायन 103
अब हरित रसायन विज्ञान भी 106
हरित रसायन विज्ञान का ऐतिहासिक परिदृश्य 107
हरित रसायन के सिद्धान्त 108
दैनिक जीवन में हरित रसायनविज्ञान का योगदान 111
भारत में हरित रसायन विज्ञान का शुभारंभ 114
ठोस अवस्था उत्प्रेरक 115

भारतीय उद्योग में हरित रसायनविज्ञान	121
विभिन्न कौतूहलों में छुपा रसायन विज्ञान	123
आतिशबाजी में रसायनों का करिश्मा	123
मेहंदी के रंग में रसायन	124
अधिक चाय का कहर	125
गिरगिट का रंग बदलते रसायन	126
शाकीय घोल साँप भगाने में उपयोग	127
फूलों का रंग भगाने में रसायन का हाथ	128
वृद्धावस्था की झुर्रियाँ भी रसायनों की देन	129
जोंक के रक्त चूसने में रसायन	130
मेंढक से औषधियाँ	131
श्मशान में भूत	132
वनस्पति दूध	133
ऐलुमीनियम के बर्तन हानिकारक	134
कलाई घड़ी की सुहाग लीथियम	135
हँसाने तथा रूलाने वाली गैसें	136
करिश्में हारमोनों के	137
सावधान! सौन्दर्य प्रसाधनों से	138
फोटोग्राफी का रहस्य	139
आँसू की संरचना	140
पानी की करामात से कुबड़ापन	141
पानी में आग लगानेवाली धातु	143
जुगनू के चमकने का रहस्य	143
विश्व का सर्वाधिक मीठा पदार्थ भी रसायन	145
धूप–छाँव का चश्मा भी रसायन की देन	145
खाना पकाने की गैस–द्रव भी है	146
फूलों में सुगंध का रहस्य	147
कटे प्याज और आँख बहाए आँसू	148
कटा सेब बदरंग	149
अनोखी बुनकर मकड़ी	150
मोती के संवर्धन में रसायन	151
मिर्च खाइए आँसू बहाइए	152
क्या होता है स्टेनलैस स्टील?	152
कैसे पकते हैं फल?	153

बीजों के अंकुरण में रसायन	154
रंगीन साबुन के झाग सफेद	155
क्या है ओजोन छिद्र?	156
क्या होता है टेफ्लॉन?	157
पान के रंग में भी रसायन	158
नैफ्थलीन की गोलियाँ कीटों को कैसे भगाती है?	159
महिलाओं के दाढ़ी–मूंछ न होने का राज भी रसायन	160
कैसे मापते है रक्तशर्करा?	160
कैसे कार्य करता है गैस मास्क?	161
क्या होता है हाइड्रोपॉनिक्स?	162
नींबू का रस जमीन पर पड़ने पर दाग क्यों छोड़ता है?	163
चींटियों को रास्ता दिखाता रसायन	164
चमकता जासूसी दस्तावेज	165
रंग बदलने वाली घड़ी	168
दीमकों का रासायनिक युद्ध	169
बमाबम	170
स्याहियों का राज भी रसायन	171
बाल प्वांइट स्याही	171
स्टैंप पैड या निशान बनानेवाली स्याही	172
पानी से अप्रभावित स्याही	172
थूक या लार से गुप्त दस्तावेज तैयार करना	173
प्रिंटिंग स्याही	173
मौसमवक्ता रसायन ज्योतिषी	173
कैसे तुरंत मारता है पोटैशियम सायनाइड	175
कैसे काम करता है फायर अलार्म	176
अग्निशामक यंत्र की कार्य प्रणाली	177
रासायनिक प्रयोगशाला में खतरों से बचाव जरूरी	178
रसायन विज्ञान से संबंधित जीवनोपयोगी संकेत	183
भविष्य के रसायन विज्ञान की कल्पना	185

रसायन विज्ञान की विकास यात्रा – पुरातन से अद्यतन

वस्तुतः रसायन विज्ञान, रसायनों के रहस्यों को समझने की कला है। रसशास्त्र, रसायन विज्ञान का बीज रूप है। इस शास्त्र का उद्देश्य पारद अर्थात् पारे के गुणों का विस्तृत अध्ययन करना था। भारत में भी पारे से औषधि निर्माण की दिशा में कार्य हुआ। इसी क्रम में पारे के प्रयोग से ताँबे को सोने में बदलने के प्रयास होते रहे। इसे विदेशों में "कीमियागरी" अर्थात् ऐल्केमी (Alchemy) कहा गया। तथा इस शास्त्र के विशेषज्ञों को कीमियागर या ऐलकेमिस्ट कहा गया (चित्र – 1)। ऐसा उल्लेख मिलता है कि मिस्र में तो भारत से पूर्व, चौथी सदी में ही कीमियागरी का प्रचलन था।

चित्र – 1

कीमिया संबंधी अधिकांश कार्य पाश्चात्य देशों में हुआ। जब अरबों ने सातवीं सदी में मिस्र पर आक्रमण किया तो उन्होंने मिस्र से इस विद्या को सीखा। अरब देश में इस कला का प्रचार होने से कीमिया को "काली धरती की कला" या "मिस्री कला" भी कहा जाता है। यह कला धीरे–धीरे फ्रांस तथा अन्य यूरोपीय देशों में फैली। अरबों ने "कीमिया" शब्द के पूर्व अल (Al) उपसर्ग जोड़कर उसे ऐल्केमी (Alchemy) बना दिया।

कालांतर में कीमिया से ही केमिस्ट्री (Chemistry) की उत्पत्ति हुई। वस्तुतः केमिस्ट्री या फ्रेंच शब्द Chemie या हिंदी के रसायन शब्द की उत्पत्ति ग्रीक भाषा के कीमिया शब्द से हुई है, जिसका अर्थ है काली मिट्टी। तत्पश्चात् चीन में भी इस विज्ञान का उदय हुआ। कीमिया या ऐल्केमी व्यावहारिक रसायन विज्ञान था जिससे घटिया धातुओं से सोना बनाने या अमर होने के लिए 'जीवन अमृत' (Elixir of life) की खोज करने या ऐसा विलायक खोजने का प्रयास किया जा रहा था जिसमें सारी वस्तुऐं विलीन हो जाय।

चीनी भाषा में 'किम' का अर्थ सोना होता है। भारत में रसायन शब्द से कभी 'पारा' का अर्थ लिया गया तो कभी ''आयुर्वेदशास्त्र'। ऋग्वेद में अयस तथा हिरण्य तथा अथर्ववेद में श्याम (तांबा), लोहित (लोहा), हरित (सोना), त्रपु (राँगा तथा सीसा) का उल्लेख मिलता है। ये वर्तमान समय की धातुएं हैं। तैत्तिरीय संहिता में यज्ञशाला के उपकरणों का विवरण मिलता है। ये यज्ञशालाएँ उस समय की रसायनशालाएं थी। इसी प्रकार शतपथ ब्राह्मण में पाँच धातुओं का स्पष्ट उल्लेख मिलता है। ये हैं–ताँबा, लोहा, चाँदी, सोना तथा सीसा।

ब्राह्मण काल के बाद आयुर्वेद का प्रचलन हुआ। इसके आठ अंगों में से एक 'रसायन तंत्र' भी था। आयुर्वेद में रोग से बचने के उपाय बताये गये हैं परन्तु आयुर्वेद की यही परम्परा धीरे–धीरे रसायन की परम्परा में परिवर्तित होती गई।

चरक ने छह धातुओं के साथ ही लौह चूर्ण, मण्डूर, माक्षिक, कसीस, अंजन, तूतिया, हरिताल, गैरिक, फिटकरी, गंधक तथा पारे के प्रयोगों का उल्लेख किया।

आठवीं सदी में जाबिर–इब्न–हम्मान ने इस सिद्धान्त को प्रतिपादित किया कि सारे पदार्थ पारद (पारा) तथा गंधक से बने हैं।

आठवीं सदी में ही गोविन्द नामक एक बौद्ध भिक्षु ने "रस हृदय तंत्र" ग्रंथ में पारे के गुणों और उसके परिष्करण की अनेक विधियों का उल्लेख किया है। नौवीं सदीं में 'तीसत' ने "चिकित्सा कलिका" नामक ग्रंथ में औषधियों द्वारा शल्य चिकित्सा द्वारा उपचार का वर्णन किया है। दसवीं सदी में वृंद और चक्रपाणि ने आयुर्वेद ग्रंथों की रचना की। इस समय तक पारे का उपयोग सिर से जुएँ मारने के लिए होने लगा था। वृंद ने धातुओं के विनाशकारी रूप का भी उल्लेख किया। चक्रपाणि ने लवणादि का भी वर्णन किया। तत्पश्चात् नागार्जुन नामक बौद्ध विचारक तथा तत्ववेत्ता ने चरक की पद्धति की बराबरी में धातु रसायन के प्रयोग पर बल दिया और उन्होंने 'रस रत्नाकर' नामक ग्रंथ की रचना की। इसमें उन्होंने कुछ रासायनिक विधियों, यथा – गंधक शुद्धि, दरद शोधन, माक्षिक शोधन, चाँदी शोधन तथा शुल्ब (ताँबा) शोधन का वर्णन किया है। नागार्जुन ने रासायनिक संयोग कराने के लिए प्रयुक्त होने वाले कुछ यंत्रों का भी वर्णन किया। नागार्जुन के बाद भी अनेक बौद्ध तांत्रिक हुए जिन्होंने रसायनशालाओं में रसों को तैयार करने तथा शोधन की क्रियाओं को जारी रखा।

बारहवीं सदी का भी एक ग्रंथ "रस रत्नाकर" प्राप्त हुआ है जो नित्यनाथ सिद्ध द्वारा लिखित है। इसमें पारद के द्वारा सौन्दर्य प्रसाधन सामग्री तैयार करने की विधियों का उल्लेख किया गया है।

तेरहवीं से पंद्रहवी शताब्दी के मध्य में रचित एक ग्रंथ 'रसरत्न समुच्चय' है जिसे किसी अन्य विद्वान ने लिखा तथा जिसमें पारद परिष्करण के लिए प्रयुक्त समस्त उपकरणों का उल्लेख किया गया है। इस प्रकार भारत में सत्रहवीं सदी तक रस विद्या का प्रचार एवं प्रसार होता रहा। यहाँ तक कि बीसवीं सदी के प्रारंभ में गुजराती पुस्तक "आर्यभिषक" में भी पारद के परिष्करण का उल्लेख है।

इस प्रकार लगभग 800 वर्षों तक रस विद्या का प्राधान्य रहा जिसमें अमृत बटी, संजीवनी बूटी तथा लोहे को सोने में बदलने के चमत्कार सम्मिलित थे।

तत्वों के संकेत

यह सर्वविदित तथ्य है कि कोई भी भाषा अक्षर, शब्द, वाक्य और वाक्यविन्यास से बनी होती हैं। रसायन विज्ञान की भी अपनी भाषा है।

इसकी इस रसायन भाषा में प्रतीक (Symbol) ही अक्षर, सूत्र (Formula) ही शब्द तथा समीकरण (Equation) वाक्य एवं वाक्य विन्यास होते हैं। वस्तुतः रसायन भाषा की विशेषता उसकी सामासिकता है तथा उस सामासिकता में निहित है मान्य सिद्धान्तों का समाहार।

तत्व के बारे में भारतीय एवं यूनानी सोच

(i) **भारतीय सोच** – भारत के विद्वान दार्शनिकों ने सबसे पहले अपनी उद्घोषणा कर दी थी कि पदार्थ की रचना पंच महाभूतों, यथा – आकाश, वायु, तेज या अग्नि, आप (जल) एवं क्षिति (पृथ्वी) से ही हुई है (चित्र –2)।

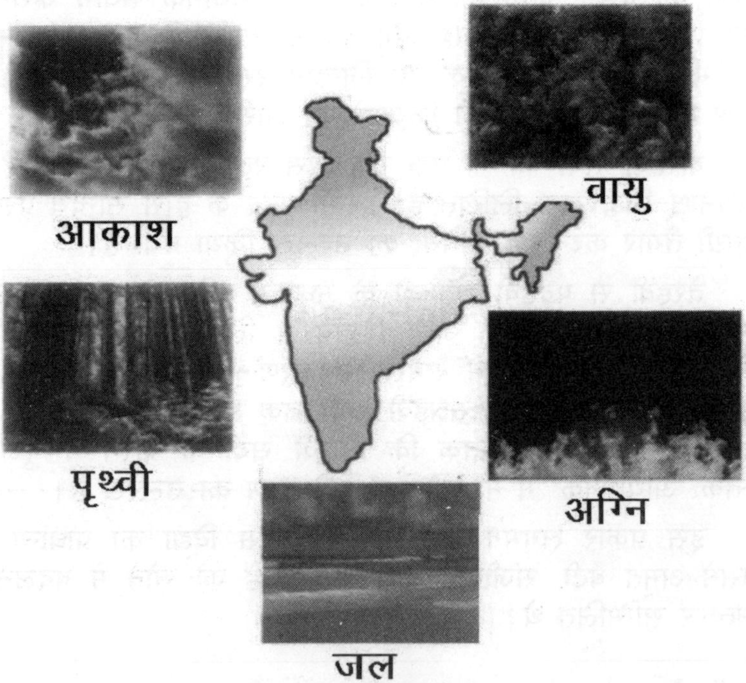

चित्र – 2

हमारे वैदिक ऋषि–मुनियों ने पदार्थ को अति सूक्ष्म इकाइयों से बने होने की कल्पना भी की। कणाद ऋषि ने परमाणु को सबसे छोटा

कण बताया था। यदि किसी पदार्थ के टुकड़े–टुकड़े किए जाय और प्रत्येक टुकड़े को तब तक खंडित किया जाता रहे जब तक उसके और खंड न हो सके तो इस तरह से प्राप्त सूक्ष्मतम खंड या इकाई को उस पदार्थ की मूलभूत इकाई कह सकते हैं। और जब इन इकाइयों के गुण एक से हों तो यह कहा जायेगा कि वह पदार्थ 'तत्व' है। पहली शताब्दी तक बहुत कम तत्वों के बारे में जानकारी थी। तथा निम्नलिखित तत्व ही पहली शताब्दी के पूर्व ज्ञात थे (चित्र–3)।

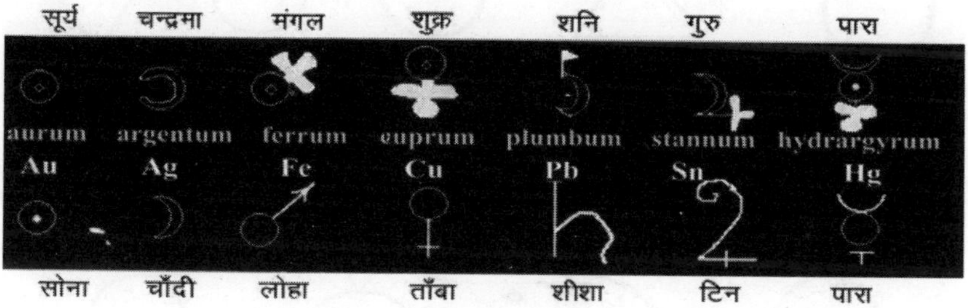

चित्र – 3.

(ii) **यूनानी सोच** पुरातन यूनान के लोग तत्वों की प्रकृति के बारे में बहुत चिंतित थे। अंत में उनकी अवधारणा बनी कि अग्नि, पृथ्वी, वायु तथा जल इन चारों तत्वों के भिन्न–भिन्न अनुपात से ही विश्व के सभी पदार्थों की रचना हुई है।

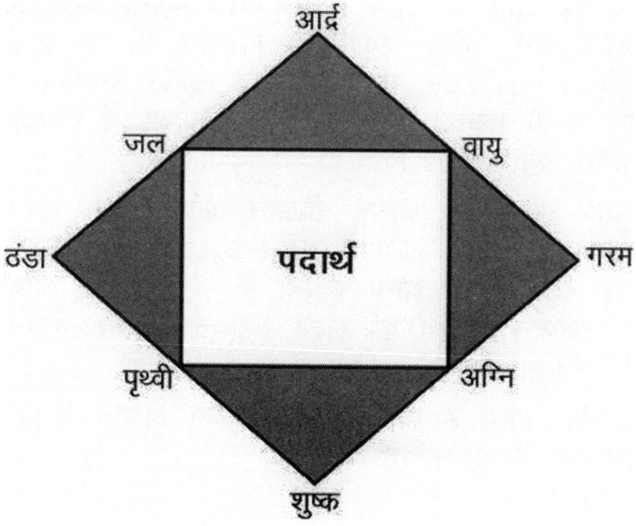

यूनान के दार्शनिकों ने धातुओं को ग्रहों से संबंधित मानकर स्वर्ण को सूर्य से, रजत को चन्द्रमा से, लोहे को मंगल से और सीसे को शनि ग्रह के रूप में अंकित किया। कीमियागरों ने इन संकेतों में कुछ संशोधन किए। तथा उन्होंने कुछ यौगिकों के संकेत भी निश्चित किए। सोलहवीं, सत्रहवीं तथा अठारहवीं सदी के तत्वों के संकेत चित्र 4 व 5 में दर्शाये गए हैं।

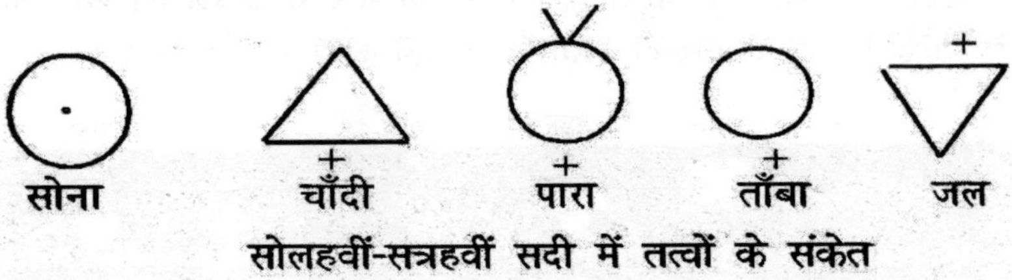

चित्र – 4. सोलहवीं – सत्रहवीं सदी में तत्वों के संकेत

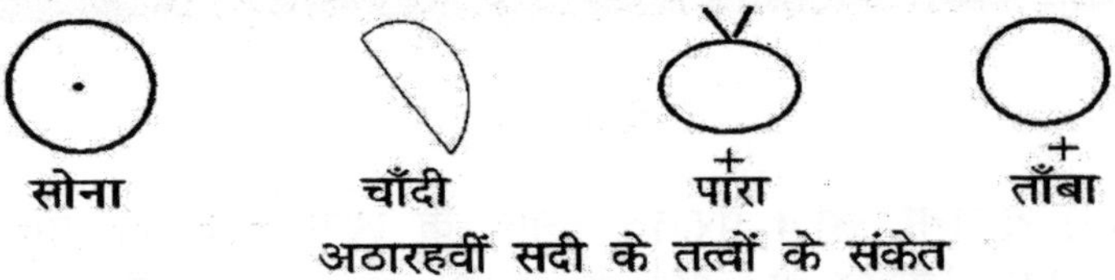

चित्र – 5. अठारहवीं सदी के तत्वों के संकेत

अद्यतन रसायन विज्ञान – मैगनस (1193–1260) द्वारा घोषित किया गया कि ताँबे को सोने में परिवर्तित करना संभव है। इसके पश्चात् पैरासेल्सस (1493–1541) का विश्वास था कि संजीवनी या अमरफल (Elixir of Life) संभव है। जिसे खाकर मनुष्य न तो बीमार पड़ेगा और न ही मरेगा। उसने रोगों के निवारण में रसायन विज्ञान की उपयोगिता को उजागर किया।

वस्तुतः आधुनिक रसायन विज्ञान का प्रणेता राबर्ट बॉयल (1627–1691) को कहा जाता है (चित्र–6)। उनके अनुसार रसायन विज्ञान का लक्ष्य न तो सोना बनाना है, न ही अमर ओषधि प्राप्त करना है। रसायन विज्ञान का लक्ष्य रसायन विज्ञान के नियमों को जानना है। उन्होंने तत्व को अविभाज्य माना।

अब प्रश्न होता है कि आखिर रसायन विज्ञान है क्या? अतः इसको कई तरह से परिभाषित किया है।

चित्र – 6. रावर्ट बॉयल

(i) रसायनों के रहस्यों को समझने की कला है – **रसायन विज्ञान**

(ii) पदार्थ की जानकारी का विज्ञान भी है – **रसायन विज्ञान**

(iii) **रसायन विज्ञान** से विदित होता है कि पदार्थ किन–किन चीजों से बने हैं, उनके क्या–क्या गुण हैं और उनमें क्या–क्या परिवर्तन होते हैं?

(iv) **रसायन विज्ञान** हमारे दैनिक जीवन से जुडा हुआ विज्ञान है। खाद्य सामग्री, धातुएँ, गृह निर्माण सामग्री, दवाइयाँ, प्लास्टिक, कपड़े और युद्ध की सामग्री भी इसी विज्ञान की ही देन है।

इसे जीवनोपयोगी विज्ञान की संज्ञा दी गई है। क्योंकि हमारे शरीर की आंतरिक गतिविधियों में भी रसायन विज्ञान की महत्वपूर्ण भूमिका है।

राबर्ट बॉयल के पश्चात् जोसेफ प्रीस्टले (1733–1804) ने गैसों का अध्ययन किया। फ्रांसीसी विज्ञानी लैवोशिए ने सर्वप्रथम दहन (Combustion) विषयक प्रयोग शुरु किए। उसके पश्चात् जॉन डाल्टन ने उन्नीसवीं सदी में द्रव्य की संरचना विषयक "परमाणु सिद्धान्त" का प्रतिपादन किया। 1808 में जॉन डाल्टन ने छोटे–छोटे वृत्तों का प्रयोग करके उनके भीतर बिन्दु, खड़ी रेखाओं, पड़ी रेखाओं के द्वारा विभिन्न तत्वों को प्रदर्शित किया (चित्र–7)।

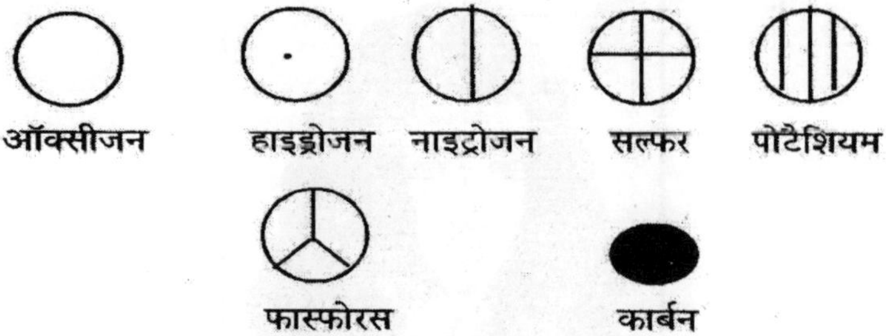

चित्र – 7. डाल्टन द्वारा विभिन्न तत्वों का प्रदर्शन

बर्जीलियस ने 1814 में तत्वों के संकेतों की सर्वथा नवीन प्रणाली विकसित की तथा उसने तत्वों के नाम के प्रथमाक्षर को ही उनका प्रतीक मानने का सुझाव रखा। रसायन विज्ञान की संपूर्ण इमारत विभिन्न तत्वों की छोटी–छोटी ईटों से बनी है। इस इमारत की डिजाइन (चित्र–8अ) को तैयार करने वाले सुप्रसिद्ध वैज्ञानिक रूसी रसायनविद् डी॰ मेंडलीफ (चित्र–8ब) है। इस ढांचे या डिजाइन को आवर्त सारणी के नाम से जाना जाता है।

रसायन विज्ञान की इमारत जिन छोटी-छोटी ईंटों (तत्वों) से बनी है

चित्र –8अ.

रूसी रसायनवेत्ता डी. मेंडलीफ

चित्र – 8ब.

उन्नीसवीं सदी में परमाणु सिद्धान्त के विकास तथा मेंडलीफ द्वारा बनाई गई आवर्त सारणी एवं आवर्त नियम से तत्वों की सही व्याख्या संभव हो सकी है। इसके अनन्तर जे॰जे॰ थामसन, रदरफोर्ड, बोर (Bohr), बरी, आबेग, कोसेल, लेविस एवं आगस्ट केकुले आदि अनेकानेक वैज्ञानिकों ने रसायन विज्ञान के उन्नयन में अपना बहुमूल्य योगदान दिया।

भारतीय वैज्ञानिक आचार्य प्रफुल्लचन्द्र रॉय (चित्र–9) ने रसायन विज्ञान के क्षेत्र में बहुत ही उत्कृष्ट कार्य किया जिसकी प्रशंसा अंतरराष्ट्रीय जगत में हुई है। प्रो॰ रॉय, इंडियन स्कूल ऑफ मार्डन केमिस्ट्री के संस्थापक थे तथा भारत में रसायन उद्योगों की स्थापना के जनक भी थे। उनका योगदान केवल प्रयोगशाला एवं शिक्षण तक ही सीमित नहीं था वरन् वे मानवीय विकास, गरीबी उन्मूलन, रोजगारोन्मुखता तथा आर्थिक स्वतंत्रता के उन्नयन के पक्षधर थे। वर्ष 2011 अंतरराष्ट्रीय रसायन विज्ञान वर्ष (IYC–2011) ही नहीं वरन् यह वर्ष उनकी 150वीं जयंती के रूप में भी मनाया गया।

चित्र – 9. आचार्य प्रफुल्लचन्द्र रॉय

तत्वों का रोचक नामकरण

रसायन विज्ञान में तत्वों के नामकरण में भी रोचक रहस्य रहे हैं। इनमें से कुछ उदाहरण निम्नवत् हैं।

(i) कुछ तत्वों के नाम उनके प्रमुख गुणों के आधार पर रखे गए, यथा – 'क्लोरीन' नाम, उसके हरे–पीले रंग के कारण रखा गया, 'ब्रोमीन' नाम तीव्र गंध के कारण और 'आर्गन' नाम उसकी निष्क्रियता के कारण रखा गया।

(ii) इसी प्रकार जब मैडम क्यूरी ने एक नये तत्व की खोज कर ली तो उन्होंने अपने देश के नाम (पोलैंड) पर उसका नाम 'पोलोनियम' रखा। इसी तरह एक अन्य तत्व का नाम रेडियम रखा क्योंकि वह रेडियोऐक्टिव था।

(iii) कुछ तत्वों के नाम नक्षत्रों से भी सम्बद्ध हैं। यथा – यूरेनियम, नेप्चूनियम, प्लूटोनियम तत्वों के नाम यूरेनस, नेप्चून, प्लूटो नक्षत्रों पर रखे गए।

(iv) कुछ तत्वों के नाम प्रसिद्ध वैज्ञानिकों के प्रति श्रद्धा प्रकट करने के लिए रखे गए। जैसे – मेन्डेलेवियम (मेंडेलीफ के नाम पर), क्यूरियम (क्यूरी के नाम पर), आइंस्टीनियम (आइंस्टीन के नाम पर)।

(v) खनिजों के नाम पर भी तत्वों का नामकरण मिलता है। यथा – फ्लोराइड खनिज से फ्लोरीन तत्व।

(vi) यह देखा गया है कि धातु तत्वों के नाम प्रायः –ium, –um में अन्त होते हैं और अधातु तत्वों के नाम –ine, –on पर। यथा – सोडियम, पोटैशियम धातु तत्व हैं किन्तु हीलियम को धातु समझकर यह नाम रखा गया और क्लोरीन, ब्रोमीन, बोरान अधातु तत्व हैं। रसायनविद्ों ने ज्ञात शब्दों को नये–नये अर्थ प्रदान करते हुए उनको प्रयोग में लाने का प्रयास किया। उदाहरण के तौर पर अक्वा फार्टिस (Acqua fortis) से उनका अभिप्राय नाइट्रिक अम्ल था जिसे शोरा (Salnitrium) और विट्रियल (Vitriol) को गरम करके प्राप्त किया जाता था। यह विट्रियल (Vitriol) शब्द काँच जैसे चमकीले रवों के लिए प्रयुक्त किया जाता था। इससे एक श्यान द्रव प्राप्त किया जाता था जो ऑयल ऑफ विट्रियल (Oil of vitriol) कहलाता था। परन्तु इसका नाम सल्फ्यूरिक अम्ल कैसे पड़ा यह तो बहुत बाद में गंधक से इस अम्ल का संबंध ज्ञात होने पर स्पष्ट हुआ।

यह विट्रियल (Vitriol) शब्द भी विभिन्न पदार्थों का द्योतन करता था। इसकी हरी किस्म में लोह रहता था और नीली किस्म में ताम्र लवण। वस्तुतः विट्रियल के दोनों में निहित होने से उसका रासायनिक महत्व था क्योंकि वे सल्फेट थे। इसी प्रकार प्लम्बैगो (Plumbago) शब्द था जिसके अन्तर्गत सीसा (Lead) तथा ग्रेफाइट (Graphite) दोनों आते थे। आज हम भूलवश लेड पेंसिल (Lead Pencil) कह देते हैं परन्तु वे लेड नहीं ग्रेफाइट से बनी ग्रेफाइट पेंसिल (Graphite Pencil) होती है।

शनैः शनैः किसी रसायन का नामकरण उसके उत्पादन की विधि से भी किया जाने लगा। यथा– मैग्नीशिया अस्टा (Magnesia usta) मैग्नीशियम के दहन से बनता है। अतः यह नाम अधिक स्पष्ट है।

इसी प्रकार प्रारंभ में कोई भी अवक्षेप या तलछट टार्टर (Tartar) कहलाता था।

पैरासेल्सस को अपनी नई–नई उद्‌भावनाओं के लिऐ नये–नये शब्दों की आवश्यकता प्रतीत हुई, जैसे – archeus (life power), mumia (inner-doctor), Cagaster (destructive-force) तथा Protoplastus (man)। इनमें से मात्र Protoplastus शब्द Protoplasm के रूप में बच पाया है।

फैराडे को भी अपनी खोजों के लिए नये शब्दों को व्यवहृत करना पड़ा। उसने प्रेक्षित किया कि वैद्युत् विभव के अंतर्गत अणु के खंड इधर–उधर दौड़ते हैं। अतः उसने इनका नाम ion (आयन) रखा (जो कि ग्रीक शब्द है, अर्थात् घूमने वाला)। तत्पश्चात् धन और ऋण आयनों को +, और –, द्वारा दर्शित किया गया, जैसे Na^+ एवं Cl^- को क्रमशः Na व Cl के लिए।

रसायनविज्ञान में यौगिकों के नामकरण के नियम यद्यपि स्पष्ट है तथापि कुछ पुराने नाम भी पूर्ववत् चल रहे हैं। यथा – ग्लाबर लवण, टार्टरिक, सिट्रिक अम्ल, शुगर आदि। इसी तरह फाइटॉल को अब भी एल्कोहल माना जाता है यद्यपि यह एथिल एल्कोहल से भिन्न है। अब रासायनिक यौगिकों के नये नाम मान्य प्रतीकों के आधार पर ही रखे जाते हैं। जैसे–विलस्टैटर का नया पदार्थ साइक्लोऑक्टाटेट्राईन कहा गया क्योंकि इसमें आठ कार्बन (Octa) परमाणु एक ही वलय (Ring) में हैं और इसमें चार (tetra) एथिलेनिक बंध (ene) हैं।

समूचा संसार ही रसायन विज्ञान की प्रयोगशाला

वस्तुतः यदि हम अपने चारों ओर के संसार का अवलोकन करें जिसमें वायु है, जल है, स्थल है, वनस्पतियाँ हैं और तरह–तरह के पशु हैं तो हमारे मन में एक भाव उत्पन्न होगा कि ये जीव–जंतु किस प्रकार उत्पन्न हुए? इनका किस प्रकार पोषण होता है? और मृत्यु के पश्चात् इनका क्या होता है? यह वायुमंडल किस तरह बना है? इसमें कौन–कौन से अवयव हैं, जो हमें दिखते भी नहीं।

इसी प्रकार पृथ्वी पर जल की इतनी बड़ी राशि कहाँ से आई? जल हमारे जीवन के लिए क्यों अनिवार्य है? इसी तरह जिस भूमि पर हम घर बनाकर रखते हैं, जिस भूमि में खेती करके अन्न एवं फल

उत्पन्न करते हैं वह आखिर कैसे बनी? क्या हम अंतरिक्ष में झाँक सकते हैं? आदि अनेकानेक प्रश्नों का उत्तर हमें रसायन विज्ञान से प्राप्त हो जाता है। अतः समूचा संसार यथार्थ में ही रसायन विज्ञान की प्रयोगशाला कहा गया है।

रसायन विज्ञान का अध्ययन इसलिए महत्वपूर्ण है क्योंकि यह पदार्थों से संबंधित है और यह विश्व भी पदार्थों से ही भरा हुआ है। अतः रसायन विज्ञान भी सर्वत्र (चित्र–10) है, यथा–यह विज्ञान अनेकों आश्चर्यचकित रसायनों से परिपूर्ण है। ब्रह्मांड में रासायनिक अभिक्रियाओं के द्वारा ही तारों की उत्पत्ति, ग्रहों का प्रादुर्भाव तथा ग्रहों पर जीवन ही संभव हुआ है।

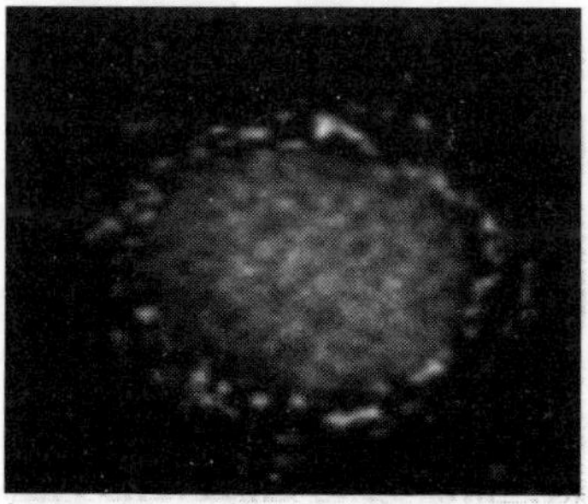

चित्र –10.

रसविद्या का सूत्रपात

भारत में कौटिल्य ने अर्थशास्त्र में सोने के विविध प्रकारों का वर्णन करते हुए रसविद्ध हरे सोने (केमिकल गोल्ड) का भी उल्लेख किया है। पारद के परिचय के साथ एक नवीन युग का सूत्रपात हुआ। 'रस' को पारद का पर्याय भी कहते हैं। यह भगवान शिव की शक्ति का भी प्रतीक बन गया। पारे को 'रसराज' अर्थात् सर्वशक्तिमान तक मान लिया गया। इस रस की विशेषता बतायी गई कि यह 'मूर्च्छित' होने पर रोगों को दूर करता है, मृत होने पर जीवन देता है। पारद का रसायन ही 'रसविद्या' कहलायी। पारद के विषय में उल्लेख है – *"संसारस्य परं पारं दत्तऽसौ पारदः स्मृतः"* यह संसार के दुखों से पार करने वाला बताया गया है। ऐसी मान्यता है कि अकेला पारद सिद्ध हो जाये, तो वह अमरत्व प्रदान कर सकता है। रसविद्या का सूत्रपात सिद्धों के साथ हुआ। यह लगभग ईसा से 800 वर्ष बाद का काल था।

इस काल में यत्र–तत्र निम्न धातुओं को सोने में बदल दिया जाता था, परंतु इन दोनों धाराओं को समेटने का कार्य सिद्धों ने किया। यह कार्य उन्होंने पारद के द्वारा सम्पन्न किया। इसको वे 'रसायन या सिद्ध गुटिका' कहने लगे। इस प्रकार रसशास्त्र का विकास हुआ। इसका प्रयोजन धातुवाद, कीमियागरी (ऐल्केमी) न रहकर देहवेध (अमरत्व प्राप्त करना) द्वारा मुक्ति प्राप्त करना भी हो गया।

धातुवाद तथा रसविद्या की जानकारी अनेक प्राचीन साहित्य में मिलती है। 'बाण' ने 'हर्षचरित' में ''धातुवाद विद् एवं भिषक' शब्दों का प्रयोग सप्रयोजन से किया। "कादंबरी" में पारे से सोना बनाने का भी उल्लेख मिलता है। ये दोनों वर्णन 10वीं–11वीं शती के हैं। इस काल में रसविद्या तथा धातुविद्या अपनी पराकाष्ठा पर थी। उस समय भारत में दो रसशास्त्री, क्रमशः नागार्जुन तथा व्याडि का बहुत प्रभुत्व था। नागार्जुन को आकाश–गमन विद्या भी सुलभ थी। तथा उन्होंने सहस्रवेधी पारा तैयार किया। इसी प्रकार आचार्य हजारीप्रसाद द्विवेदी ने अपने उपन्यास 'चारू चंद्रलेख' में रसविद्या का वर्णन किया है। पारे की सहायता से सोना–चाँदी जैसी अमूल्य धातुएँ हीन धातुओं से बनायी जाती थीं। इसमें अमलोनी बूटी महत्त्वपूर्ण भूमिका निभाती थी। ऐसा भी उल्लेख मिलता है कि पारे और हरताल के योग से चाँदी तथा ताँबा और पारे के योग से सोना बनाया जाता था।

आठवी शती में जाबिर इब्न–हय्याम (अथवा जीबर) नामक एक प्रसिद्ध प्रायोगिक रसायनज्ञ हुए। उनकी संकल्पना थी कि सभी धातुएँ पारे तथा गंधक के संयोग से बनी हैं। स्वर्ण तथा चाँदी में पारा अपनी शुद्धतम अवस्था में होता है और वह स्वच्छ गंधक के साथ संयुक्त रहने के कारण क्रमशः लाल, पीला तथा श्वेत रंग प्रदर्शित करता है। ऐसा परिवर्तन लाने के लिए "पारस पत्थर" की आवश्यकता पड़ती थी। यह एक लाल चूर्ण होता था, जिसे छिड़ककर गरम करने से पारा उड़ जाता था और सोना बचा रहता था।

सोना बनाने की कला

भारतीय मनीषियों, यथा – यशोधर, वाग्भट, भैरवानंद की रसविद्या संबंधी कृतियों में पारे के वेधन, हेमकरण आदि की अनेक विधियाँ उल्लेख की गई हैं। वस्तुतः जिसे तत्वांतरण (ट्रांसम्यूटेशन) की

संज्ञा प्रदान की जाती है, वह मात्र रासायनिक संयोग है और रसायन विज्ञान की प्रारंभिक, किन्तु महत्वपूर्ण रासायनिक प्रक्रिया है।

नवीनतम अवधारणाओं के अनुसार, एक धातु को दूसरे में परिणत करना यद्यपि संभव है, परंतु उसके लिए दुष्कर नाभिकीय क्रियाएँ करनी होती है। ऐसे तत्वांतरण से कृत्रिम सोना बनाया जा सकता है, किन्तु वह बहुत ही महँगा होगा। वस्तुतः प्राचीन सिद्धों या प्राचीन रसविद्‌ों ने जिन विधियों के द्वारा स्वर्ण प्राप्त करने के प्रयास किए हैं, वे रासायनिक संयोग के अतिरिक्त और कुछ नहीं थे।

वस्तुतः निम्न धातु से सोना या चाँदी की प्राप्ति तभी संभव है, जब धातु को आज के परिप्रेक्ष्य में न ग्रहण किया जाये, वरन् उसे स्वर्ण या रजतमय अयस्क माना जाये। यथार्थ में सच्चाई भी यही थी। उस काल के रसविद् विभिन्न प्रकार के धातु–खनिजों को पारे के साथ घोटते और गंधक मिलाकर गरम करते तथा जारण और ऊर्ध्वपातन जैसी क्रियाएँ करते। पारा धातुओं के साथ संरस बनाता है, गंधक के साथ सल्फाइड बनाता है और यदि गरम करके अधिक पारा उड़ा दिया जाये, तो गंधक का थोड़ा धूम निकलेगा और सल्फाइड तथा अल्प मात्रा में धातु बनेगा। इसका रंग पीले से लेकर लाल तक या श्वेत हो सकता है। इस रंग को रसविद् अधिक महत्वपूर्ण बताकर अपनी विद्या का अतिरंजित चित्र प्रस्तुत करते थे। ये ही उनकी कला थी।

पारे के विविध रूप

पारे के 18 संस्कार बताये गए हैं, यथा – स्वेदन, मर्दन, मूर्छन, उत्थापन, पातन, रोधन, नियमन, दीपन, ग्रासमान, चारणा, गर्भद्रुति, बाह्यद्रुति, जारण, रंजन, सारण, क्रामण, बेधन तथा भक्षण। उक्त प्रकार स्वर्ण या धातु निर्माण तथा देहसिद्धि के लिए उपयोगी बताये गये हैं।

यह स्वतः स्पष्ट है कि उपर्युक्त सभी क्रियाओं के लिए विभिन्न प्रकार के यंत्र या उपकरण विकसित किए होंगे। विविध प्रकार के यंत्रों में से दोलायंत्र, बालुकायंत्र, शीशी, विद्याधर यंत्र तथा जलयंत्र के नाम गिनाये जा सकते हैं। भारत के रसविद्‌ों, अरब तथा पाश्चात्य देशों में प्रयुक्त उस समय के यंत्रों को चित्र–11 में दर्शाया गया है।

पुरातन कृतियों में वर्णित सोना प्राप्त करने की विधियाँ

1. यशोधर ने अपने ग्रंथ 'रस प्रकाश सुधाकर' में हीन धातुओं से स्वर्ण बनाने (हेमकरण) की 18 विधियों का उल्लेख किया हैं।

2. वाग्भट ने "रसरत्न समुच्चय" (1300–1500 ई) में इस दिशा में उल्लेख किया है कि मेंढक की हड्डी का चूर्ण, टंक (सुहागा) तथा बीरबहूटी – इन सभी को एक साथ पीसकर घोड़े की लार और मेंढक की चर्बी की भावना दें और सोने की मूषा में गलाकर उसमें इस मिश्रण को डाल देवें। कुछ समय तक आग में रहने दें। इससे देर तक ठहरनेवाली सोने की द्रुति प्राप्त होगी।

विभिन्न यंत्र

चित्र – 11. पुरातन काल के विभिन्न यंत्र

3. तांत्रिक भैरवानंद (1600 ई.) के 'रुद्रयामल' तंत्र में भी सोना बनाने की विधियों का उल्लेख हैं।

शुद्ध तूतिया (कॉपर सल्फेट) लें और आक के दूध के साथ खरल में भावना देकर यत्नपूर्वक एक प्रहर तक घोटें। इसमें सीसा मिलाने से सोना मिलेगा।

काले अभ्रक के चूर्ण का पुटपाक करने से, जारण करने पर सोने का रंग मिलता है।

माक्षिक, मदार, हरताल को बंद हाँड़ी में पकाने से बीरबहूटी का सा रंग मिलता है।

शुद्ध पारे को तेल के साथ घोटकर डमरू में दो पहर आँच देवें, उतारकर सीसा मिलावें और पुनः तपाने से सोना बन जायेगा।

इस प्रकार भारत में लगभग 800 वर्षों तक सोना बनाने का रसायन धातुवाद और रसशास्त्र उदित होकर अंत में विलुप्त हो गया। विभिन्न महारस यानी संक्रमण धातु ओरियम के जटिल यौगिकों को चित्र–12 में दर्शाया गया है।

चित्र 12 – विभिन्न महारस यानी संक्रमण धातु ओरियम के जटिल यौगिक

रसायन विज्ञान रूपी वट वृक्ष की शाखाएँ

यह सर्वविदित तथ्य है कि रसायन विज्ञान अब एक वट वृक्ष के रूप में विकसित हो चुका है। तथा अब इसमें से अनेकानेक शाखाएँ भी निकल चुकी हैं। आश्चर्य यह है कि प्रत्येक शाखा में हो रहे

नित–नये अनुसंधान के कारण वह अपने आप में विज्ञान बन जाती है। तो आइये, देखें कि इस वट वृक्ष की कौन–कौन सी शाखाएँ हैं?

1. अकार्बनिक रसायन (Inorganic Chemistry)
2. कार्बनिक रसायन (Organic Chemistry)
3. भौतिक रसायन (Physical Chemistry)
4. वैश्लेषिक रसायन (Analytical Chemistry)
5. जीव रसायन (BioChemistry)
6. औद्योगिक रसायन (Industrial Chemistry)
7. नाभिकीय रसायन (Nuclear Chemistry)
8. कृषि रसायन (Agricultural Chemistry)
9. औषधि रसायन (Medicinal Chemistry)
10. पर्यावरणीय रसायन (Environmental Chemistry)
11. हरित रसायन (Green Chemistry)

उपर्युक्त शाखाओं में से अकार्बनिक, कार्बनिक तथा भौतिक, रसायन विज्ञान की आधारभूत शाखाएँ हैं। अतः यह निश्चित रूप से कहा जा सकता है कि रसायन विज्ञान कई प्रकार से उपयोगी हो चुका है। चाहे वह खाद्य रुप में हो, ओषधि निर्माण हो, युद्ध का क्षेत्र हो, धातुकर्म से संबंधित हो, कृषि क्षेत्र या औद्योगिक क्षेत्र भी क्यों न हो। इन सभी के उन्नयन में रसायन विज्ञान की उपादेयता प्रतिपादित हो चुकी है। रसायन विज्ञान रूपी वटवृक्ष को चित्र–13 में दर्शाया गया है।

दैनिक जीवन में रसायन विज्ञान

यह स्वतः प्रमाणित तथ्य है कि हमारे जीवन का कोई भी क्षेत्र क्यों न हो, रसायन विज्ञान के बिना तो जीवन ही अधूरा है। रसायन विज्ञान कई क्षेत्रों में उनके वैज्ञानिक तथ्यों को उजागर कर जिज्ञासा को प्रशांत करता है। यद्यपि समस्त क्षेत्रों में रसायन विज्ञान की उपादेयता को लिपिबद्ध करना दुष्कर कार्य है, तथापि निम्नांकित प्रमुख क्षेत्रों में रसायन विज्ञान की उपयोगिता विषयक विस्तृत जानकारी निम्नवत् हैं।

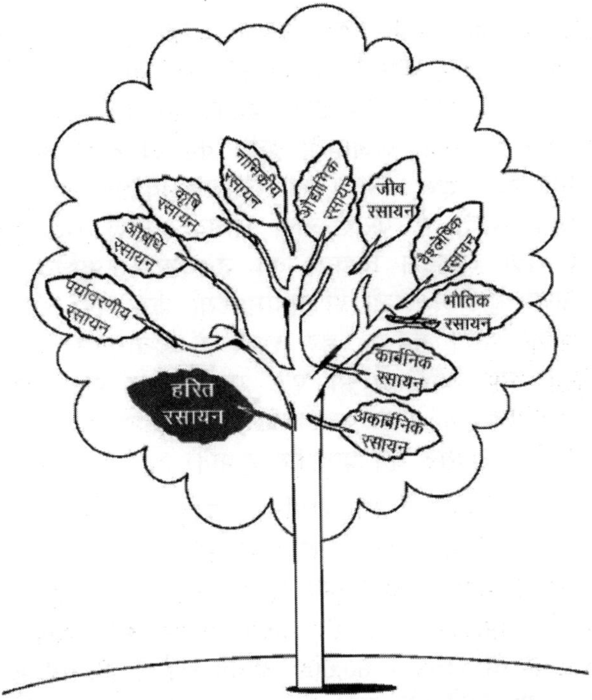

चित्र 13. रसायन विज्ञान रुपी वट वृक्ष की शाखाएं

1. रोगोपचार में रसायन विज्ञान – वस्तुतः आज चिकित्सा के क्षेत्र में जितनी प्रगति हुई है, वह सब रसायन विज्ञान की ही देन है। हमारा शरीर एक मशीन के समान है। इसकी जो रासायनिक क्रियाएँ हैं, उनके बारे में जानकारी हम सभी को होना आवश्यक है। और यही कारण है कि शरीर के भीतर कार्यरत अनेक क्रियाओं और प्रक्रमों के क्रमबद्ध अध्ययन से, शरीर की व्याधियों को दूर करने एवं रोगोपचार में सफलता प्राप्त हुई है। यह सफलता विभिन्न प्रकार की औषधियों और दवाओं को बनाकर ही प्राप्त की गई है।

आजकल देश–विदेश में जितने भी बड़े–बड़े अस्पताओं में रोगियों की जिस प्रकार शल्य चिकित्सा या ऑपरेशन किया जाता है, उसे देखकर ऐसा प्रतीत होता है कि रसायन विज्ञान के द्वारा इस्पात एवं अन्य संकर धातुओं की खोज ने, तथा मूर्छा लाने वाली औषधियों ने, लोगों को रोगों से मुक्ति दिलाने में आश्चर्यजनक कार्य किया है।

वस्तुतः प्रत्येक व्यक्ति को अपना जीवन प्रिय है, इसलिए वह अपने स्वास्थ्य रक्षा हेतु कीमती से कीमती और अत्यंत कड़वी दवाई भी लेने हेतु तैयार हो जाता है। इसी प्रकार पुरातन काल से ही 'चिर यौवन' की कामना तथा 'संजीवनी बूटी' की खोज के प्रति लोगों का बहुत आकर्षण था। इस कारण भी रसायन विज्ञान का विकास आगे बढ़ा। सोलहवीं सदी में पैरासेल्सस नामक पहले वैद्य हुए जिन्होंने स्पष्ट बताया कि रसायन विज्ञान का उद्देश्य औषधियों का निर्माण करना है। मध्य युग में तेजी से महामारियाँ फैल रही थी और लाखों लोगों की मृत्यु हुई। फलतः हर शहर में दवाखाने अर्थात् Drug-houses खुल गए और ये ही एक प्रकार की रसायनशालाएँ बनी जिनमें रसायनविद्ों ने अपने अन्वेषण कार्य प्रारंभ किए। इस प्रकार धीरे–धीरे औषधि रसायन का प्रादुर्भाव हुआ।

वस्तुतः आज जितनी भी औषधियाँ काम में लाई जाती हैं, उनमें से मात्र 25% प्राकृतिक पदार्थों से प्राप्त की जाती हैं, शेष 75% का कृत्रिम रूप से निर्माण (संश्लेषण) किया जाता है। इस प्रकार आज लगभग 4000 औषधियाँ ज्ञात हैं। परंतु चिन्ता का विषय यह है कि रोगों की संख्या भी लगभग 30,000 आंकी गई है जिनमें से अधिकांश की समुचित जानकारी भी नहीं हैं। अतः यह स्पष्ट है कि रोगों के शमन हेतु भविष्य में भी नवीन औषधियाँ तैयार करने की आवश्यकता पड़ेगी। इस कार्य में मात्र रसायन विज्ञान ही मानव की सहायता करेगा।

यह देखा गया है कि जितनी प्रकार की औषधियाँ उपलब्ध हैं और उनसे जितने प्रकार के रोगों का उपचार किया जाता हैं, उसे ध्यान में रखते हुए औषधियों का वर्गीकरण निम्न प्रकार से किया गया है।

1. सिरदर्द तथा अन्य दर्दों की दवाएँ
2. जलने की दवाएँ
3. जुकाम–खाँसी की दवाएँ
4. निजर्मीकारक
5. मृदुविरेचक (Laxatives)
6. मूर्च्छाकारी, संवेदनहारी औषधियाँ
7. उत्तेजक (Stimulants)

(1) **सिरदर्द** – वस्तुतः सिरदर्द ऐसी पीड़ा है जो थोड़े समय से लेकर अधिक समय तक भी होती है। सामान्यतया इसे विश्राम करके, सो करके तथा संतुलित भोजन करके दूर किया जा सकता है। परन्तु कभी–कभी यह उग्र रूप भी धारण कर लेता है। रसायन विज्ञान के उपयोग से ऐसी वेदनाहारी औषधियाँ बन चुकी हैं जिनके प्रयोग से सिरदर्द में तुरन्त लाभ प्राप्त होता है। ऐसी औषधियाँ जो पीड़ा या दर्द का शमन कर लेती हैं, पीड़ाहारी या वेदनाहारी कहलाती हैं। सिरदर्द को दूर करने वाली औषधियाँ ऐसे रासायनिक पदार्थ हैं जो स्नायुओं तथा स्नायु केन्द्रों पर अवनमनकारी प्रभाव डालते हैं। इस कारण किसी भी पीड़ाहारी औषधि का प्रयोग पूर्णरूप से सुरक्षित नहीं है। अतः यह सलाह भी दी जाती है कि चिकित्सक की राय के बिना किसी भी पीड़ानाशक औषधि का प्रयोग नहीं करना चाहिए।

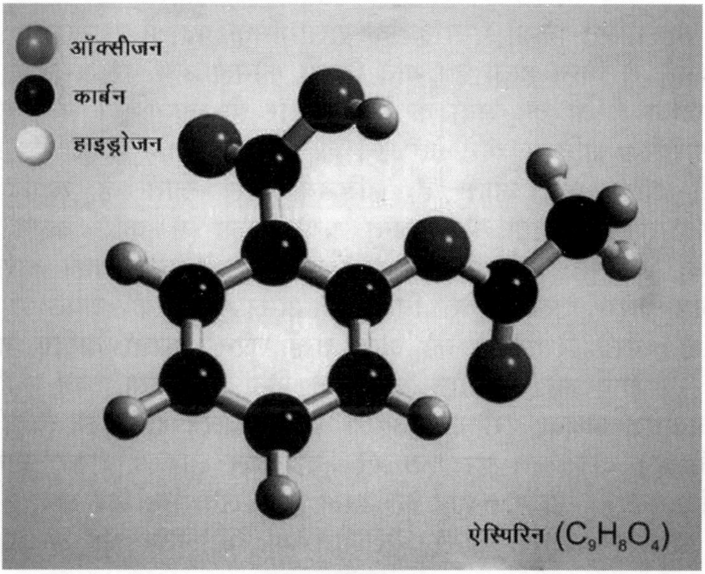

चित्र 14. ऐस्पिरिन

प्रायशः सिरदर्द की दवा ऐस्पिरीन है। यह कोलतार से प्राप्त सैलिसिलिक, अम्ल का ऐसीटिक एस्टर है (चित्र–14)। बार्बिटुरिक अम्ल, ऐसेटऐनीलाइड, ऐंटीपाइरीन, फीनेसेटिन, ट्रिपल ब्रोमाइड, ऐकिनापाइरीन तथा कैफीन ये सभी किसी न किसी रूप में पीड़ाहारी हैं। आश्चर्य की बात यह है कि ये ही पदार्थ निद्राहारी भी होते हैं और

इनका प्रतिकूल प्रभाव हृदय पर भी पड़ता है। अतः यह सलाह दी जाती है कि बाजारों में उपलब्ध अनेकानेक सिरदर्द दवाओं का तब तक प्रयोग न करें जब तक उनकी रासायनिक संरचना के बारे में जानकारी न हो।

2. जलने की दवाएँ : आग के पास असावधानी से रहने पर जलने की संभावना रहती है। परन्तु अन्य प्रकार से भी त्वचा जल सकती है। उदाहरणार्थ – गरम वस्तु को छूने, अम्ल या क्षार के पड़ने, गरम द्रव के गिरने या लगातार तीव्र सूर्य की किरणों के पड़ने से भी आदमी जल सकता है। आग से जलने पर फफोले पड़ जाते हैं। तुरंत आराम पाने के लिए जले भाग के ऊपर टैनिक अम्ल लगाना चाहिए (चाय के काढ़े में भी टैनिक अम्ल होता है)। बर्नोल भी एक लाभकारी औषधि है जिसका प्रयोग जलने पर करना चाहिए।

यह प्रेक्षित किया गया है कि रासायनिक पदार्थों से जलना अग्नि के जलने से भिन्न होता है। यदि किसी कोमल अंग पर अम्ल या क्षार गिर जाता है तो वह सदा के लिए बेकार हो जाता है। लोग शत्रुओं को शारीरिक क्षति पहुँचाने हेतु उन पर अम्ल या क्षार फेंकते हैं। इससे उनकी आँखें फूट जाती हैं, हड्डियाँ गल जाती हैं तथा त्वचा क्षत–विक्षत हो जाती है। परन्तु प्रयोगशाला में कार्य करने वाले विद्यार्थी, शोधार्थी, कर्मचारी और इन रसायनों को बनाने वाले कारखानों में काम करने वाले व्यक्ति नित्य ही अम्ल/क्षार की चपेट में आते रहते हैं। ऐसी स्थिति में जो कार्य उन्हें तुरन्त करना चाहिए, वह है अम्ल या क्षार को उदासीन करने के लिए अमोनिया तथा सोडियम बाइकार्बोनेट अथवा ऐसीटिक अम्ल का उपचार। क्षारों से त्वचा गल सकती है। यदि जूते पर एक भी बूँद प्रबल क्षार की गिर जाय तो उसमें गढ्ढे हो जावेंगे। क्षार को अम्ल द्वारा उदासीन कर लेने के बाद जले अंग पर टैनिक अम्ल, वैसलीन या पेट्रोलेटम भी लगाया जा सकता है।

इसी प्रकार धूप में लगातार काम करने वाले किसानों, श्रमिकों या मजदूरों की चमड़ी काली पड़ने लगती है। अफ्रीका या श्रीलंका के लोगों का काले होने का कारण यही है। क्योंकि सूर्य की प्रबल धूप उनकी त्वचा को जला देती है। यह कालापन चिरस्थाई होने के कारण दवा से भी दूर नहीं किया जा सकता है।

(3) जुकाम–खाँसी की दवाएँ – यह भी बहुत प्रचलित रोग है। कई बार ऐसा देखा गया है कि देश के 75% लोग इन रोगों से वर्ष में कई बार ग्रसित हो जाते हैं। परन्तु अभी तक इसकी कोई रामबाण औषधि नहीं निकल पाई है। वैसे व्यवहार में जुकाम के उपचार के लिए अनेक औषधियाँ आती हैं, जैसे कुछ लोग काढ़ा पीते हैं, कुछ नमकीन पानी के गरारे करते हैं, कुछ तुलसी/अदरक की चाय पीते हैं, कुछ अवलेह या शहद चाटते हैं। परन्तु रसायन विज्ञान ने जुकाम के निदान हेतु अनेक प्रकार की औषधियाँ प्रदान की हैं, यथा–

(i) कुल्लियाँ – थाइमॉल, यूकेलिप्टस तेल, मेंथाल आदि।

(ii) टिकियाँ तथा चूर्ण–ऐसीटैनिलाइड या ऐस्पिरीन, कुछ टिकियों में क्विनीन या विटामिन–सी भी मिला रहता है।

(iii) नाक से साँस द्वारा लेने वाली औषधियाँ – विक्स, मेंथाल तथा कपूर।

(iv) मलहम – नाक से लेने वाली औषधियाँ ही लेप करने के काम में लाई जाती हैं।

इन दवाओं के अतिरिक्त कमरों को निजर्मित करने के लिए प्रोपिलीन ग्लाइकाल की फुहार भी की जाती है। यह वाष्प रूप में जर्मों के भीतर प्रविष्ट होकर उन्हें नष्ट करती है।

(4) निर्जर्मीकारक – रोगों को फैलने से रोकने के लिए प्राचीनकाल में अनेक उपाय किए जाते थे – जैसे गंधक या लोहबान की धुईं, सफाई आदि। किन्तु निर्जर्मीकरण के क्षेत्र में उन्नीसवीं शती में ही प्रगति हुई। 1808 ई॰ से जहाजों के कमरों को चूना से पोतने या 1843 ई॰ में लुई पास्तुर तथा उसी समय जोसेफ लिस्टर का ध्यान घावों की सफाई की ओर गया और कार्बोलिक अम्ल (फीनाल) का उपयोग शुरू हुआ।

वस्तुतः ये निर्जर्मीकारक ऐंटीसेप्टिक (Antiseptic) तथा डिसइन्फेक्टेन्ट (Disinfectant) नामों से जाने जाते हैं। ऐंटीसेप्टिक वह रासायनिक पदार्थ है जो जर्मों की वृद्धि को रोकता है परन्तु उन्हें नष्ट नहीं कर पाता है, जबकि डिसइन्फेक्टेन्ट द्वारा सभी प्रकार के जर्म नष्ट हो जाते हैं। कार्बोलिक अम्ल का तनु विलयन ऐंटीसेप्टिक है और

उसी का सान्द्र विलयन डिसइन्फेक्टेन्ट है। डेटॉल एक निर्जर्मीकारक है।

प्रायशः खरोंच लगने, कट जाने या चोट लगने पर जो घाव हो जाते हैं, उन्हें निर्जर्मित करने की नितान्त आवश्यकता होती है। इसके लिए बहुप्रचलित दवा टिंक्चर आयोडीन है। ध्यान रहे कि 3 प्रतिशत से अधिक सान्द्रता का टिंक्चर आयोडीन काम में न लाया जाय, अन्यथा छाले पड़ने की आशंका रहती है। मरक्यूरोक्रोम पारद का कार्बनिक यौगिक है जिसका एक प्रतिशत विलयन मृदु निर्जर्मीकारक का कार्य करता है।

पारद का एक अन्य यौगिक मरक्यूरिक क्लोराइड ($HgCl_2$) या "करोसिव सब्लीमेट" भी निजर्मीकारक है। यह सफेद रंग का होता है जिसे अस्पतालों में रंगीन बनाकर रखा जाता है जिससे कभी भूलकर भी जल के स्थान पर इसे कोई काम में न लाए।

इसी प्रकार बोरिक अम्ल (H_3BO_3) भी एक मृदु निर्जर्मीकारक है। यह श्वेत गंधहीन चूर्ण के रूप में मिलता है। यह ठंडे जल में कम परंतु गरम जल में अधिक विलेय है। इसका 1–4% विलयन रूई में सिक्त करके आँख सेंकने के काम आता है।

5. मृदु रेचक रसायन (Laxative Chemicals)– आजकल कब्जियत की शिकायत बहुत लोगों को रहती है। वस्तुतः कब्जियत का अर्थ है पेट में देर तक भोजन का रहना और मल निकलने में कठिनाई का होना। इस कारण से सिरदर्द, शरीर में फोड़े –फुंसियां, शरीर में भारीपन और थकान का आभास होता है। मृदु रेचक वे पदार्थ है जो पेट को साफ करके कब्जियत दूर करने में सहायक होते हैं। क्रिया की दृष्टि से मृदु रेचक की पाँच श्रेणियाँ मान्य हैं –

(i) **आयतनवर्द्धक** – जैसे एगर–एगर या ईसबगोल की भूसी। ये पेट में जाकर फूलते हैं जिससे मल के आयतन में वृद्धि होने से मल निकलने में सुविधा होती है।

(ii) **स्नेहक** – यथा – खनिज तेल तथा पेट्रोलियम। ये न तो अवशोषित होते हैं, न पाचित होते हैं, न जर्मो द्वारा प्रभावित होते हैं। ये निर्दोष पदार्थ हैं जो मल के चारों ओर तेल की पतली तह बनाकर मल को आँत में सरकने में सहायता करते हैं।

(iii) **नशीली दवाएँ** : जैसे – फीनाप्थैलीन जो स्वादहीन होने पर भी विषैला होता है, इसे चीनी या चाकलेट के साथ मिलाकर मृदु रेचक की भाँति प्रयुक्त किया जाता है। स्ट्रिकनीन अन्य मृदु रेचक है।

(iv) **लवण**: जैसे – एप्सम लवण ($MgSO_4$, $4H_2O$), मैग्नीशियम मिल्क ($Mg(OH)_2$) आदि तरल के घनत्व को बढ़ाकर जल के शोषण में सहायता करते हैं जिससे मल पतला हो जाता है।

(v) **प्राकृतिक मृदुरेचक** : चोकर, दलिया, तरकारियों और फलों आदि में इतना प्राकृतिक मृदु रेचक रहता है कि ऊपर से अतिरिक्त खाने की आवश्यकता नहीं रह जाती। यदि तो भी कब्जियत रहती है तो एक कप गरम जल पीने से लाभ हो जाता है।

6. यातना निवारक औषधियाँ – यदि किसी अंग में सड़न आ जाय, हड्डी टूट जाय या फोड़ा हो जाय तो इतना कष्ट होता है कि रोगी को देखनेवाले भी भाव विभोर हो जाते हैं। प्राचीन आयुर्वेद में पीड़ा हरने वाली कुछ औषधियाँ थी, परन्तु वास्तविक समाधान तो 1800 ई॰ के बाद ही प्राप्त हुआ। सुप्रसिद्ध वैज्ञानिक डेवी (1778–1829) ने गैसों की पहचान करते समय उस "हँसाने वाली गैस" का पता लगाया जिसके सूंघने से आदमी उन्मत्त होकर नाचता है, और यदि वह दीवाल से भी टकरा जाय तो उसे पीड़ा का अनुभव नहीं होता है। किन्तु उसके उस अनुभव का लाभ चिकित्सा में 50 वर्ष बाद हो पाया। 1842 ई॰ में डॉ॰ क्राफोर्ड लांग ने ट्यूमर (रसौली) के रोगी की चीड़फाड़ करते समय ईथर का प्रयोग किया तो रोगी को नींद आ गई। ईथर की वाष्पें सुँघाकर चीरफाड़ की जा सकती है, यह ज्ञान होने पर भी 25–30 वर्षों बाद निश्चेतक के रूप में इसका प्रयोग हो पाया।

अब तीन तरह की औषधियाँ ज्ञात हैं जो मूर्च्छा, निद्रा या पीड़ाशमन में उपयोगी हैं –

(अ) निश्चेतक (Anaesthetics)

(ब) संतापहारी (Narcotics)

(स) सम्मोहक या निद्राहारी (Hypnotics)

निश्चेतक औषधियों का प्रभाव इन रासायनिक पदार्थों में उपस्थित अणुओं या अंशों के कारण होता है। उदाहरण के तौर पर इन औषधियों में एथिल समूह ($-C_2H_5$) रहता है। ईथर में यह समूह विद्यमान है। ईथर का सूत्र $(C_2H_5)_2O$ है। ऐल्कोहल में भी यही समूह रहता है। ऐल्कोहल का सूत्र (C_2H_5OH) है। अन्य निश्चेतक यौगिक हैं – एथिलीन, क्लोरोफार्म, ऐसिटिलीन तथा नाइट्रस ऑक्साइड (N_2O) या हँसानेवाली गैस।

निश्चेतक को वाष्पशील होना चाहिए। डॉक्टर यह जानते है कि रोगी को निश्चेतक की कितनी मात्रा दी जाय। प्रयोग के बाद रोगी को कुछ उत्तेजना होती है। क्लोरोफार्म शीघ्र प्रभाव दिखलाने वाला निश्चेतक (चित्र – 15) है। इसका कुप्रभाव ऑपरेशन के एक सप्ताह बाद तक रहता है, इसलिए इसका प्रयोग भी कम होता है। हँसाने वाली गैस को ऑक्सीजन के साथ मिश्रित करके सुंघाया जाता है।

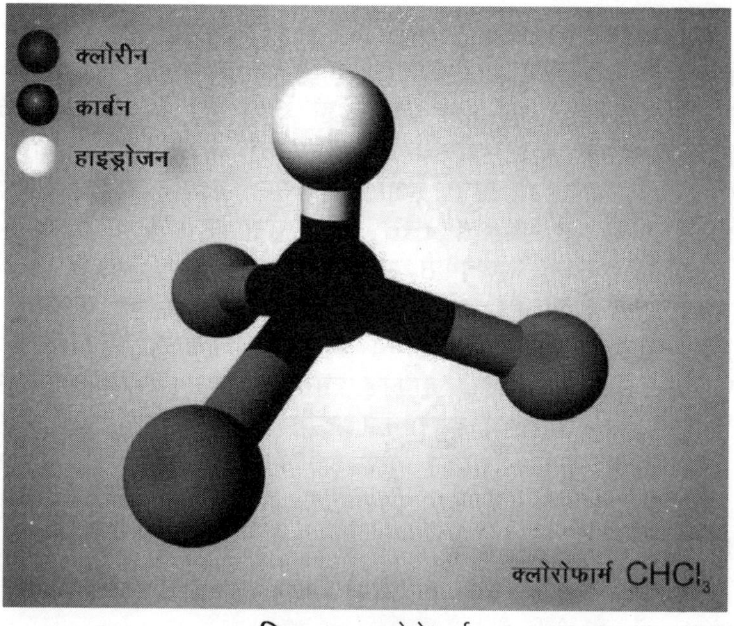

चित्र–15. क्लोरोफार्म

संतापहारी : ये औषधियाँ वे हैं जिनके प्रयोग से सुन्नता आती है। जो औषधियाँ शरीर के किसी भी अंग विशेष में सुन्नता लाने के लिए प्रयुक्त की जाती हैं, उन्हें स्थानीय निश्चेतक कहते हैं। इस वर्ग

की औषधियाँ मूर्च्छाकारी, निद्राकारी तथा संतापहारी तीनों ही होती हैं। इनका सबसे बड़ा दोष यह है कि निरंतर प्रयोग करने से इनकी आदत पड़ जाती है, अतः डॉक्टर की सलाह लिये बिना इनका उपयोग नहीं करना चाहिए। अफीम (मार्फीन), कोडीन, कोकेन आदि मुख्य संतापहारी औषधियाँ हैं। स्थानीय निश्चेतक का सबसे सामान्य उदाहरण है बाँह में टीका लगाने के पूर्व स्पिरिट द्वारा संज्ञाशून्य करना।

सम्मोहक या निद्राकारी औषधियों को इंजेक्शन द्वारा शरीर के भीतर पहुँचाकर निद्रा लाई जाती है। इनमें निश्चेतक प्रभाव नहीं होता है। ब्रोमाइड तथा एथिल समूह निद्राकारी हैं, किन्तु यूरिया प्रभावशाली सम्मोहक है। यूरिया शरीर में निरन्तर उत्पन्न होता रहता है। बार्बिटल तथा फीनोबार्बिटल यूरिया के व्युत्पन्न है। बार्बिटल का अन्य नाम वेरोनल भी है। इसकी खोज जर्मनी के रसायनज्ञ एमिल फिशर ने वर्ष 1903 ई॰ में की। फीनोबार्बिटल निद्रा रोग के लिए रामबाण औषधि है। यह मिर्गी में भी लाभ पहुँचाता है।

(7) **उत्तेजक** – यह देखा गया है कि सारे ऐल्कोहल उत्तेजक होते हैं। क्या आपने सोचा कि ऐल्कोहल उत्तेजक क्यों होते हैं? आखिर इसमें होता क्या है जो लोगों को शराब के प्रति उन्मुख करता है? ऐल्कोहल से युक्त पेय पदार्थ तीन श्रेणियों में वर्गीकृत किए जाते हैं – बियर, वाइन तथा व्हिस्की।

ऐल्कोहल की मात्रा की दृष्टि से

1 बोतल व्हिस्की = 6 बोतल वाइन = 12 बोतल बियर। कुछ लोग उत्तेजक की परिभाषा हृदय की क्रिया की वृद्धि के रूप में करते हैं तो कुछ इससे उत्पन्न ऊंची उड़ान के रूप में करते हैं। कुछ लोग कार्य क्षमता में वृद्धि, मस्तिष्क की सोचने की वृद्धि आदि को उत्तेजक से उत्पन्न बतलाते हैं, परन्तु वैज्ञानिक परिभाषा यह होगी कि उत्तेजक द्वारा शरीर की सक्रियता में वृद्धि होती है।

वस्तुतः ऐल्कोहल सर्वप्रथम मस्तिष्क की उस तंत्रिका को शिथिल करता है जो हृदय को नियंत्रित करती है। इससे हृदय की धड़कन बढ़ जाती है। ऐल्कोहल ऐसा पदार्थ है जिसके पाचन की आवश्यकता नहीं पड़ती है। यह सीधे रक्त शिराओं द्वारा अवशोषित होकर खाद्य पदार्थ की तरह ऑक्सीकृत होकर ऊर्जा प्रदान करने लगता है। किन्तु

कब तक? जब तक कि पी गई मात्रा अल्प रहे। अधिक पीने से वह रक्त में संचित होने लगता है। यद्यपि शरीर में शर्कराओं से अल्प मात्रा में ऐल्कोहल उत्पन्न होता है, परन्तु पी जानेवाली मात्रा से यह निश्चित रूप में कम रहती है।

ऐल्कोहल पीने से बुद्धि एवं विवेकशक्ति जाती रहती है, हृदयगति बढ़ जाती है, शिराएँ एवं धमनियाँ मोटी पड़ जाती हैं। ऐल्कोहल खाद्य पदार्थ से जल खींचकर पाचन को मंद करता है, इसलिए शराबियों को मल निष्कासन में कठिनाई होती है। यह भी ज्ञात हुआ है कि ऐल्कोहल पीने वालों की आयु भी अल्प होती है।

कॉफी तथा चाय भी उत्तेजक पदार्थ हैं। इनमें कैफीन तथा अन्य वाष्पशील पदार्थ पाए जाते हैं। चाय में कॉफी से दुगुना कैफीन रहता है। चाय में टैनिन की मात्रा भी कॉफी से अधिक पाई जाती है। चाय तथा कॉफी की आदत पड़ने का कारण है इनमें कैफीन नामक औषधि का होना। यह व्यसन डालने वाली औषधि है। इसके प्रभाव से पेट खराब होता है, सिर चकराता है, बैचेनी आती है और अनिद्रा रोग हो जाता है। कैफीन की मात्रा कम करने का उपाय यही है कि कॉफी से कैफीन निकालकर उसे पिया जाय। आजकल कुछ कार्बोनेटेड पेयों में कैफीन मिला दिया जाता है जिससे यात्रियों तथा ड्राइवरों को रात में देर तक जगते रहने में सहायता मिलती है, किन्तु इसका स्वास्थ्य पर प्रतिकूल प्रभाव पड़ता है।

सिगरेट या बीड़ी में निकोटीन नामक ऐल्केलायड (Alkaloid) पाया जाता है। यह तम्बाकू में पाया जाने वाला रासायनिक पदार्थ है। इसकी मात्रा 2–8% तक रहती है। निकोटीन तेल जैसा द्रव है जिसका स्वाद अत्यन्त जलाने वाला तथा प्रभाव विषैला होता है। सिगरेट पीते समय यह निकोटीन फेफड़ों में धुएँ के साथ पहुँच जाता है और कुछ थूक में मिल जाता है। डॉक्टरों का मानना है कि पेट की अनेक व्याधियाँ धूम्रपान के कारण उत्पन्न होती हैं। तम्बाकू खाने तथा पीने दोनों के कारण कैंसर उत्पन्न होता है।

(8) ऐंटीबायोटिक दवाएँ : ये दवाएँ रसायन विज्ञान तथा सूक्ष्मजीव विज्ञान के मेल की अनुपम मिसाल हैं। लोग सूक्ष्मजीवों से परिचित तो थे और निमोनिया, मेनिनजाइटिस, पेचिश, टाइफस, तपेदिक आदि अनेक रोग इन्हीं के कारण उत्पन्न माने जाते थे। परन्तु बहुत काल तक इनका अचूक इलाज भी संभव नहीं हो सका।

1928 ई॰ में ब्रिटेन के डॉ॰ अलेक्जेन्डर फ्लेमिंग ने पेनिसिलियम कवकों से एक यौगिक प्राप्त किया जिसका नाम पेनिसिलीन था (चित्र–16)। वस्तुतः यह पहली ऐंटीबायोटिक थी – जो उपर्युक्त रोगों के लिए अचूक सिद्ध हुई। इसके पश्चात् स्ट्रेप्टोमाइसिन, टेट्रामाइसिन, बायोमाइसिन, एरिथ्रोमाइसिन आदि ऐंटीबायोटिकों की एक श्रृंखला का संश्लेषण किया गया। इसके लिए सुप्रसिद्ध सूक्ष्मजीव विज्ञानी 'वैक्समैन' को नोबेल पुरस्कार से सम्मानित किया गया। ऐंटीबायोटिक जटिल कार्बनिक यौगिक होते हैं। पहले द्रव–संवर्द्ध माध्यम में केवल कवक (Fungi) उगाए जाते हैं और फिर उन्हें विलग करके रसायन वैज्ञानिकों को सौंप दिया जाता है। वे आगे का परिष्कार तथा संश्लेषण कार्य सम्पन्न करते हैं। रसायन विज्ञान की रोगों पर सबसे बड़ी विजय इन्हीं ऐंटीबायोटिकों का संश्लेषण कार्य है।

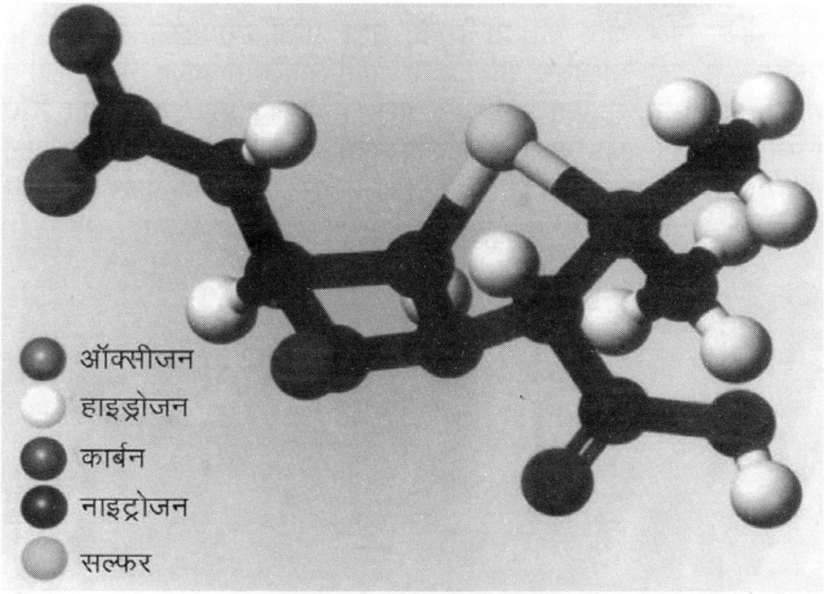

चित्र – 16. पेनिसिलीन

हृदय एवं उच्च रक्तदाब के रोगियों हेतु नमक

सम्पूर्ण विश्व में उच्च रक्तदाब वाले व्यक्तियों को कम मात्रा में नमक लेने की अनुशंसा की जाती है। कम नमक लेने के अतिरिक्त खाद्य में पोटाश की अधिक मात्रा लेनी चाहिए जिससे रक्तदाब को

नियंत्रित करने में सहायता मिलती है। यह सोडियम के साथ–साथ रक्त में जल, अम्ल तथा क्षार की मात्रा को नियंत्रित करता है और ऊर्जा उत्पन्न करने में सहायक है।

हृदय रोगियों तथा उच्च रक्तदाब वाले लोगों को चिकित्सक नमक कम खाने की सलाह देते हैं। अतः ऐसे रोगियों के लिए वैज्ञानिक एवं प्रौद्योगिकी अनुसंधान परिषद के केन्द्रीय नमक एवं समुद्री रसायन अनुसंधान संस्थान, भावनगर के वैज्ञानिकों ने कम सोडियम वाले नमक का आविष्कार किया है, जो दो लवण का समांग मिश्रण है, यथा – सोडियम और पोटैशियम क्लोराइड। समुद्री बिटर्न का वाष्पीकरण करने से कार्नेलाइट नामक मिश्र क्षार मिलता है, जो पोटैशियम एवं मैग्नीशियम क्लोराइड का मिश्रण होता है। उसके साथ अल्प मात्रा में नमक भी होता है।

इस मिश्र क्षार की पानी के साथ प्रतिक्रिया द्वारा विघटन के फलस्वरूप "लो सोडियम सॉल्ट" या "कम सोडियम वाला नमक" प्राप्त होता है। बिटर्न से कम सोडियम वाले नमक को प्राप्त करने का चित्र निम्नांकित है। इस कार्य हेतु सीएसआईआर – सीएसएमसीआरआई को यू.एस. पेटेन्ट (यू.एस. 7, 208, 189 अप्रैल 2007) भी प्राप्त हुआ है।

चित्र – बिटर्न से लो सोडियम नमक

चित्र – सलोनी नमक

2. गृहिणियों के लिए तथा खाद्य पदार्थों में भी रसायन विज्ञान

प्रायशः रसायनविज्ञान का नाम लेते ही हमारी आँखों के सामने ऐसी प्रयोगशाला का चित्र उपस्थित हो जाता है, जिसमें साफ–सुथरे कमरे में मेजों के ऊपर अनेक रसायनों की बोतलें रखी हुई हों और बर्नर या स्पिरिट लैंप के द्वारा काँच, सिलिका या धातु के बने उपकरणों को अत्यन्त सावधानी से गरम किया जा रहा हो। परन्तु यदि हम देखें तो प्रत्येक घर की पाकशाला या रसोईघर भी प्रयोगशाला (रसायनशाला) होती है जिसमें कच्चे खाद्य पदार्थ ही आवश्यक रसायन हैं और भोजन वाले पात्र ही प्रयोगशाला के उपकरण हैं। वस्तुतः रसोईघर में रसायन का जितना विविध प्रयोग देखने को मिलता है, वह दूसरी जगह नहीं मिलता है।

आज की गृहिणियों के रसोईघर में अनेक नवीनतम साधन उपलब्ध हैं। लकड़ी जलाने वाले चूल्हे के स्थान पर गैस का चूल्हा अथवा बिजली का चूल्हा, बर्तन रखने के डिब्बे के स्थान पर रिफ्रिजिरेटर, कड़ाही के स्थान पर बिजली से गरम होने वाले अनेक यंत्र तथा मिट्टी या अन्य बर्तनों के स्थान पर ऐलुमिनियम या क्रोमियम लेपित पात्र सर्वत्र देखने को मिलेंगे।

रसोईघर में रसायन विज्ञान कई प्रकार से उपयोगी हैं –

(i) रसोईघर के बर्तनों का रसायन

(ii) ईंधन या जलने वाली वस्तुओं का रसायन

(iii) पाकशास्त्र का रसायन

(i) रसोईघर के बर्तन

रसोईघर में प्रयुक्त बर्तनों में अनेकरूपता पाई जाती है जो आवश्यकताओं के अनुसार और गृहिणियों की रूचि पर निर्भर करती है। किन्तु ये पात्र किन–किन पदार्थों से बने होते हैं, भोजन पकाते समय उनका क्या प्रभाव पड़ेगा और उनके प्रयोग से कोई खतरा तो नहीं है – ये सारी बातें रसायनविज्ञान के क्षेत्र में आती है।

गाँवों में अब भी काँसा या पीतल के बर्तन प्रयुक्त होते हैं। ये मिश्रधातु हैं। परन्तु धीरे–धीरे ऐलुमिनियम धातु के बर्तनों का प्रयोग बढ़ रहा है। ऐलुमिनियम एक चमकीली तथा नम्य धातु है। इसकी चद्दर से विविध प्रकार के बर्तन बनाये जाते हैं। यह धातु ऊष्मा की सुचालक है, इसके ऊपर कलई भी की जा सकती है और इसका संक्षारण (Corrosion) भी कम होता है। ताँबे या पीतल के बर्तनों में जैसा कसाव उत्पन्न होता है, वैसा ऐलुमिनियम के बर्तनों में नहीं होता है। इस धातु के बने बर्तन हलके होते है और उनका मूल्य भी कम होता है।

ध्यान देने की बात यह है कि टमाटर और रसीले फल जैसे कुछ खाद्य पदार्थों को ऐलुमिनियम के बर्तनों में न तो पकाया जाय, न देर तक उनके संपर्क में रहने दिया जाय। इसका कारण यह है कि इन रसों में अम्ल होते हैं जिनसे ऐलुमिनियम धातु प्रभावित होती है। कभी–कभी भोजन में अवांछित गंध भी आने लगती है। किन्तु हिंडैलियम जैसी कलई की गई धातु प्रयोग में लाई जाय तो इस दोष से बचा जा सकता है। ऐलुमिनियम के बर्तनों पर क्षारीय पदार्थों का भी प्रभाव पड़ता है। ऐलुमिनियम के बने पात्रों में कभी भी कपड़े धोने का सोडा, खाने का सोडा तथा खारा जल भी कभी नहीं रखना चाहिए। ऐलुमिनियम के रसोईघर में काम आनेवाले बर्तनों को चित्र–17 में दर्शाया गया है।

चित्र – 17. रसोईघर में काम आनेवाले ऐलुमिनियम के बर्तन

ऐलुमिनियम के बाद लोह ऐसी धातु है जिससे बने विविध प्रकार के बर्तन रसोईघर में काम आते हैं। आजकल लोहे की जगह स्टील के बर्तन अधिक लोकप्रिय हैं। क्योंकि ये हल्के, जंगरहित और चमकीले होते हैं। तथा इनमें भोजन कसाता भी नहीं है।

लोहे के बाद ताँबा ऐसी धातु है जिसके पात्रों को वरीयता दी जाती है। आयुर्वेदाचार्यो के अनुसार ताँबे के बर्तनों में रखा जल औषधीय गुणों से युक्त होता है परन्तु कभी भी ताँबे में क्षारीय पानी तथा अम्ल आदि नहीं रखने चाहिए। क्योंकि इनके संसर्ग से ताँबा विषैले यौगिक बनाता है। प्रायः ताँबे के बर्तनों में कसाव का कारण कॉपर कार्बोनेट होता है।

इसके अतिरिक्त वंग या टिन धातु के बर्तन भी काम आते हैं। टिन धातु लोहे के ऊपर चिपक सकती है इसलिए कलई करने के काम आती है।

रसोईघर में अधातुएँ

इनैमल के भी पात्र बनते हैं परन्तु इनैमल धातु नहीं है। स्टील के बने पात्रों पर काँच की चमक चढ़ाने पर वे इनैमल बन जाते है। खाने की थालियाँ, रकाबियाँ, प्यालियाँ इनैमल की बनी होती हैं। ये सरलता से साफ की जा सकती हैं, इनमें अम्लों तथा क्षारों का कोई प्रभाव नहीं होता हैं। ये पात्र सरलता से टूटते भी नहीं, सस्ते होते हैं, अतएव सामान्य स्तर के लोग इन्हीं पात्रों का प्रयोग करते हैं। काँच के बर्तन तथा इसका प्रयोग रसोईघर या बैठक वाले कमरे की खिड़कियों में प्रयुक्त किया जाता है। वस्तुतः काँच एक रासायनिक मिश्रण है जिसे सिलिकन, कैल्सियम तथा सोडियम के ऑक्साइडों को उच्च तापमान पर गलाकर तैयार किया जाता है। काँच को रंगीन बनाने के लिए लोह, मैंगनीज आदि के ऑक्साइड मिला दिए जाते हैं। रंगीन काँच पानी पीने के गिलासों या तश्तरियों में प्रयुक्त होता है। काँच के संपर्क में रहने से भोजन पर कोई बुरा प्रभाव नहीं पड़ता है इसलिए काँच की क्राकरी का महत्व है। साधारण काँच को सोडियम कैल्सियम सिलिकेट ($Na_2O.\ CaO.\ 6SiO_2$) कहते है। जब सोडियम कार्बोनेट तथा सिलिका के मिश्रण को अधिक तापमान पर गरम करते हैं तो उससे अक्रिस्टलीय पारदर्शक या अल्प पारदर्शक सोडियम सिलिकेट प्राप्त होता है। इसे जल काँच या Water Glass कहते हैं।

चीनी मिट्टी के बर्तन भी चमकदार व खटाऊ तथा कठोर होते हैं। इन बर्तनों के न तो घिसने का प्रश्न उठता है, न ही इनमें रखे भोजन के खराब होने का। चीनी मिट्टी के बर्तन केओलीन (Kaolin) नामक मृतिका से बनाए जाते हैं। इन पर ग्लेज लाने के लिए धातु ऑक्साइडों का प्रयोग किया जाता है।

ईंधन – जैसा कि विदित ही है कि आग जलाने हेतु हमें ईंधन की आवश्यकता होती है। प्रायशः ईंधन चार प्रकार का होता है।

(i) ठोस ईंधन – लकड़ी, कोयला

(ii) तरल ईंधन – केरोसीन, तेल, पेट्रोलियम

(iii) गैसीय ईंधन – प्राकृतिक या कृत्रिम गैसें

(iv) बिजली

लकड़ी का प्रयोग पुरातनकाल से होता आया है। रसायन विज्ञान की दृष्टि से लकड़ी मुख्यतः सेल्युलोज है जिसके साथ जल, अकार्बनिक लवण तथा कुछ रेजिनी पदार्थ (तारपीन) मिले रहते हैं। ज्ञातव्य रहे कि एक पौंड सूखी लकड़ी जलाने से प्रायः 7800 ब्रिटिश थर्मल इकाई (BTU) ऊष्मा प्राप्त होती है। इतनी ही ऊष्मा एक पौंड जल के तापमान को 1° फारेनहाइट बढ़ा सकती है।

कोयला भी पृथ्वी के गर्भ में छिपा एक प्रकार से सौर ऊर्जा का रूपान्तर है – वनस्पतियाँ सौर ऊर्जा से ही अपना भोजन बनाती हैं। प्रायः लिग्नाइट और पीट मुलायम किस्म के कोयले हैं। बिटुमिनी कोयले उत्तम माने जाते हैं। बिटुमिनी कोयले के एक पौंड के जलने से 12000 – 13500 ब्रिटिश थर्मल यूनिट ऊष्मा उत्पन्न होती है जो लकड़ी की अपेक्षा दुगुनी होती है। यदि बिटुमिनी कोयले को बंद रिटार्ट में गरम किया जाय तो कोक बनता है जिसे जलाने पर धुआँ नहीं निकलता और ऊष्मा भी अधिक प्राप्त होती है।

तरल ईंधन में पेट्रोलियम अग्रणी है। पेट्रोल उद्योग की उन्नति के फलस्वरूप उससे प्राप्त होनेवाले विविध पदार्थ – कैरोसीन तेल, गैसोलीन आदि ईंधन के प्रमुख स्रोत बन चुके हैं, किन्तु इस तरल ईंधन के सीमित साधन होने से ऊर्जा के वैकल्पिक स्रोतों की ओर वैज्ञानिकों का ध्यान गया है। और इसी कारण गैसीय ईंधन इस दिशा में महत्वपूर्ण प्रयास है।

इसी प्रकार बायोगैस भी घरेलू कार्यों में उपयोग की जाती है। महानगरों में वायु प्रदूषण की समस्या को दूर करने हेतु सी॰एन॰जी॰ का प्रयोग भी बड़ा है। वस्तुतः यह पर्यावरण स्नेही प्रयास है।

3. खाद्यों में भरा रसायन

रसायन विज्ञान के द्वारा भोजन के विषय में विशेष जानकारी प्राप्त करना संभव हो सका है। खाद्य पदार्थ कई अवयवों से बने होते है। इनमें से छः प्रमुख होते हैं, जैसे – कार्बोहाइड्रेट, वसा, प्रोटीन, खनिज, विटामिन तथा जल। वस्तुतः हम भोजन तीन कारणों से करते हैं – कार्य करने के लिए ऊर्जा प्राप्ति हेतु, शरीर के ऊतकों की

क्षतिपूर्ति के लिए तथा शारीरिक क्रियाओं को नियंत्रित रखने के लिए। उपर्युक्त कार्यों के लिए भोजन को तीन प्रमुख क्रियाओं से होकर गुजरना होता हैं – पाचन, अवशोषण तथा स्वात्मीकरण।

पाचनतंत्र में रसों के निकलने के कारण ही रासायनिक क्रियाएँ संभव हैं। ऐसे रसों को रसायन की भाषा में एंजाइम (Enzyme) कहते हैं। ये कार्बनिक यौगिक हैं जो उत्प्रेरक की भाँति कार्य करते हैं। एंजाइम समस्त जीवों तथा वनस्पतियों की कोशिकाओं में पाए जाते हैं। ये कई प्रकार के होते हैं, जैसे – प्रोटिएस नामक एंजाइम प्रोटीन पर, लाइपेस नामक एंजाइम वसाओं पर और ऐमाइलेस स्टार्च या कार्बोहाइड्रेट पर क्रिया करते हैं। पाचन तंत्र में स्टार्च पहले डेक्सट्रिन में, फिर माल्टोस में और अंत में ग्लुकोस में परिणत होता है।

शरीर में ऊर्जा का उत्पादन खाद्य पदार्थों के ऑक्सीकरण से होता है। अनुमानतः एक किलोग्राम अन्न, चीनी या आलू से 3500 कैलोरी ऊर्जा प्राप्त होती है। इसी प्रकार एक किलोग्राम प्रोटीन या मांस से 3500 कैलोरी ऊर्जा प्राप्त होती है। मोटेतौर पर कार्बोहाइड्रेट तथा प्रोटीन से लगभग 4 कैलोरी/ग्राम तथा वसा से लगभग 10 कैलोरी/ग्राम ऊर्जा मिलती है।

शरीर के भीतर हृदय धड़कने, यकृत तथा गुर्दों के कार्य करने के लिए भी ऊर्जा की आवश्यकता होती है। यह ऊर्जा भोजन से ही प्राप्त होती है। इसी प्रकार हाथ हिलाने, उठने–बैठने, चलने–फिरने, सवारी करने के लिए भी ऊर्जा की आवश्यकता होती है। यह ऊर्जा ऑक्सीकरण से ही प्राप्त होती है अर्थात् ऑक्सीजन गैस की उपस्थिति में ग्लुकोस के रूपांतर से। इसके फलस्वरूप कार्बन डाइ ऑक्साइड तथा जल बनते हैं, एक गैस और दूसरा द्रव। इनके उत्सर्जित हो जाने पर पुनः भोजन की आवश्यकता प्रतीत होती है।

ऐसा अनुमान है कि प्रति किलोग्राम शरीर भार के अनुसार प्रति घंटे 1 कैलोरी ऊर्जा की आवश्यकता पड़ती है। परंतु अधिक शारीरिक मेहनत करने वालों को ऊर्जा की आवश्यकता इसकी दुगुनी हो जाती है। ऐसा आकलन किया गया है कि अधिकतर कुर्सी पर बैठे रहनेवाले व्यक्तियों को 2000–2500 कैलोरी, सामान्य कार्य करने वालों को 2500–3500 कैलोरी तथा कठिन परिश्रम करने वालों को 3500–4000 कैलोरी ऊर्जा की आवश्यकता प्रतिदिन होती है। छोटे बच्चों में बढ़ने के लिए अधिक ऊर्जा की आवश्यकता पड़ती है।

खाद्य पदार्थों में मिलावट – यह सर्वविदित तथ्य है कि जैसे–जैसे सामाजिक उन्नति हुई और जनसंख्या में वृद्धि हुई, खाद्य पदार्थों का उत्पादन घरों को छोड़कर फैक्टरियों में होने लगा। यहीं से अपमिश्रण या मिलावट की संभावनाएं बढ़ने लगी। पुरातन काल में भी कौटिल्य ने अपने अर्थशास्त्र में व्यापारियों को धनार्जन के लिए कई विधियों का उल्लेख किया है, परंतु खाद्य पदार्थों में मिलावट की बात कहीं भी नहीं की है। क्योंकि मिलावट एक ऐसा अभिशाप है जिससे मनुष्य की जान भी जा सकती है। खाद्य पदार्थों में मिलावट के पुरातन लिखित प्रमाणों में सन् 1820 में जर्मन रसायनज्ञ फ्रेडरिक एक्यूम द्वारा किए गए अध्ययन में उन्होंने ड्रिंक्स और खाद्य पदार्थों में विषैली धातुओं के रंगों का उल्लेख किया है। तदनंतर, फिजिशियन आर्थर हिल हस्सल ने अध्ययन किए जिनका प्रकाशन किया गया तथा बाद में यही प्रकाशन अमेरिका के "फूड एडल्टरेशन एक्ट 1860" का आधार बना।

भारत में स्वतंत्रता के पश्चात् हुई जनसंख्या वृद्धि, विज्ञान और व्यापारिक गतिविधियों में वृद्धि के साथ–साथ जैसे–जैसे वस्तुओं की मांग बढ़ी, वैसे–वैसे मिलावट में भी वृद्धि हुई है।

आजकल बड़े खतरनाक ढंग से खाद्य पदार्थों में मिलावट की जा रही है। चावल में सफेद पत्थर के महीन टुकड़े, दाल में काले पत्थरों के छोटे टुकड़े, आटा में सड़े गेहूँ का आटा मिलाना, राई में महीन कंकड़ तथा सरसों में मिट्टी के छोटे–छोटे ढेले, आदि मिलाए जाते हैं। दूध में पानी मिलाने की घटना तो आम बात है तथा यह अपेक्षाकृत कम नुकसानदेय है किन्तु आजकल जो दूध में डिटरजेंट, यूरिया, कास्टिक सोडा या तेल जैसी हानिकारक पदार्थों की मिलावट हो रही है, वह स्वास्थ्य के लिए अत्यन्त ही खतरनाक है।

मिलावट करने वाले व्यापारी मिलावटी सामग्रियों में रसायनों का प्रयोग करते हैं, जो स्वास्थ्य के लिए बहुत घातक होते हैं। परंतु रसायनविज्ञान में हुई उन्नति के कारण अब घर बैठे ही आम व्यक्ति खाद्य पदार्थों में मिलावट का पता लगा सकता है।

खाद्य पदार्थों में मिलावट ज्ञात करने के तरीके

वस्तुतः अलग–अलग तरह के खाद्य पदार्थों में अलग–अलग प्रकार के मिलावटी पदार्थ मिलाये जाते हैं, जिन्हें अलग–अलग विधियों

द्वारा पहचाना जाता है। कुछ महत्त्वपूर्ण खाद्य पदार्थों में मिलावट का पता लगाने के तरीके नीचे दिये जा रहे हैं।

(i) दूध में मिलावट : दूध एक ऐसा पदार्थ है जिसे प्रत्येक व्यक्ति प्रतिदिन किसी न किसी रूप में प्रयोग करता है, चाहे वह सीधे–सीधे पीने के रूप में हो या फिर चाय व कॉफी के रूप में हो। दूध में मिलाये जाने वाले प्रमुख मिलावटी पदार्थों में, जैसे – हाइड्रोजन पर ऑक्साइड, फॉर्मलीन, शुगर, स्टार्च, ग्लुकोज, यूरिया, अमोनियम सल्फेट, नमक, साबुन, वनस्पति घी, स्किम्ड मिल्क पाउडर, सेलीसिलिक एसिड, बोरिक एसिड आदि शामिल हैं। इनका पता निम्न प्रकार से लगाया जाता है।

हाइड्रोजन पर ऑक्साइड – एक टेस्ट ट्यूब (परखनली) में 5 मिली॰ दूध लें तथा इसमें 5 बूंद पैराफिनाइल डाइएमीन मिलाकर हिलाएं। यदि दूध का रंग नीला हो जाता है तो जानिए कि दूध में हाइड्रोजन पर ऑक्साइड मिलाया गया है।

फार्मलीन की मिलावट : वस्तुतः फार्मलीन एक आविष है। जिसे दूध को खराब होने से बचाने के लिए कुछ लोग प्रयोग करते हैं। इसका पता लगाने के लिए एक परखनली में 10 मिली॰ दूध लें तथा परखनली को बिना हिलाए इसकी दीवार के किनारे से 5 मिली॰ सांद्र गंधक का अम्ल (सल्फ्यूरिक एसिड) डालें।

यदि गंधक के अम्ल तथा दूध की परतों के बीच में नीले रंग की रिंग बनती है तो दूध में फार्मलीन की मिलावट की पुष्टि होती है।

स्टार्च की मिलावट : दूध में स्टार्च की मिलावट भी वसा की मात्रा बढ़ाने के लिए की जाती है। इसका पता लगाने के लिए परखनली (टेस्ट ट्यूब) में 320 मिली॰ दूध लें तथा इसे अच्छी तरह उबालें और उसके बाद दूध को सामान्य तापमान तक ठंडा करें। अब इसमें 1% आयोडीन घोल की 2–3 बूंद डालें। दूध का रंग नीला होना इस बात का संकेत देता है कि इसमें स्टार्च मिला हुआ है।

यूरिया की मिलावट : अन्य हानिकारक पदार्थों से सिंथेटिक दूध बनाने में यूरिया का प्रयोग भी वसा की मात्रा बढ़ाने के लिए किया जाता है। दूध में यूरिया की मिलावट का पता लगाने के लिए कांच के किसी पात्र में डाइ मिथाइल ऐमीनो बैंजल्डिहाइड की 3 मिली॰ मात्रा

को 5 मिली॰ दूध के साथ अच्छी तरह मिलाएं। यदि घोल का रंग चमकीला पीला हो जाता है तो दूध में यूरिया उपस्थित है।

अमोनियम सल्फेट की मिलावट : अमोनियम सल्फेट की मिलावट भी लैक्टोमीटर की रीडिंग बढ़ाने के लिए की जाती है। इसका पता लगाने के लिए एक टेस्ट ट्यूब में 5 मिली॰ गरम दूध लें तथा सिट्रिक एसिड डालकर इसे फाड़ ले और फटे हुए दूध को छान लेवें। छने हुए हिस्से को एक अन्य टेस्ट ट्यूब में डालकर 5% का बेरियम क्लोराइड घोल 0.5 मिली॰ मात्रा में डालें। यदि इसका रंग गंदला हो जाता है तो दूध में अमोनियम सल्फेट की मिलावट है।

वनस्पति वसा की मिलावट : वस्तुतः वनस्पति वसा लंबी श्रृंखला के वसाम्लों द्वारा बनी होती है, जबकि दूध छोटी श्रृंखला के वसाम्लों से बना होता है। इस तथ्य के आधार पर गैस क्रोमेटोग्राफ द्वारा दूध में लंबी श्रृंखला के वसाम्लों की उपस्थिति का पता लगाकर दूध में वनस्पति वसा की मिलावट का पता लगाया जा सकता है।

नमक की मिलावट – दो मिली॰ दूध में पांच प्रतिशत सिल्वर नाइट्रेट मिलाने पर यदि घोल का रंग पीला ही रह जाय तो दूध में नमक के मिलाने की पुष्टि होती है।

देशी घी में मिलावट का पता लगाना

देशी घी में वनस्पति घी, आलू तथा शकरकंदी आदि स्टार्च युक्त पदार्थों तथा संश्लेषित रंगों की मिलावट की जाती है। वनस्पति घी की

मिलावट का पता लगाने के लिए एक टेस्ट ट्यूब में 5 मिली॰ संदेहास्पद देशी घी लें तथा इसमें 5 मिली॰ हाइड्रोक्लोरिक अम्ल और 0.4 मिली॰ 2% सांद्रता वाला फरफ्यूरॉल घोल या शुगर क्रिस्टल डालें। तथा इसे काँच की छड़ से हिलायें। घी में लाल या गुलाबी रंग का उत्पन्न होना वनस्पति घी की उपस्थिति दर्शाता है। स्टार्च युक्त पदार्थों का पता लगाने के लिए 5 मिली॰ देशी घी को एक परखनली में उबालें तथा ठंडा होने पर इसमें आयोडीन घोल की एक–दो बूंद डालें। नीला रंग उत्पन्न होने पर स्टार्चयुक्त पदार्थ, जैसे – आलू, शकरकंदी, अरारोट आदि की मिलावट मानें। मिलावटी देशी घी को प्राकृतिक रंग देने के लिए या सफेद करने के लिए सिंथेटिक रंगों का उपयोग किया जाता है। इनका पता लगाने के लिए संदेहास्पद घी की 2 ग्राम मात्रा को ईथर में घोल लें तथा छान लें। अब इसे दो हिस्सों में विभाजित कर लें। एक हिस्से में 1 मिली॰ हाइड्रोक्लोरिक अम्ल डालें तथा दूसरे हिस्से में 1 मिली॰ 10% सोडियम हाइड्रॉक्साइड का घोल डालें। दोनों को अच्छी तरह हिलाकर रख देवें। हाइड्रोक्लोरिक अम्ल वाले हिस्से में गुलाबी रंग का बनना या सोडियम हाइड्रॉक्साइड वाले हिस्से में पीले रंग का बनना घी में सिंथेटिक रंग की मिलावट का संकेत देता है।

सरसों के तेल में मिलावट

सरसों के तेल में प्रायः एग्रीमोन सीड ऑयल की मिलावट की जाती है। इसका पता लगाने के लिए एक टेस्ट ट्यूब में 5 मिली॰ तेल लें तथा इसमें 5 मिली॰ सांद्र हाइड्रोक्लोरिक एसिड मिलाकर सावधानीपूर्वक हिलाएं तथा रख दें। थोड़ी देर पश्चात् नीचे की ओर अलग हुई एसिड परत में पीला, नारंगी या क्रिमसन रंग का उत्पन्न होना, एग्रीमोन सीड ऑयल की मिलावट का संकेत देता है।

हरी सब्जी में मिलावट

भंडारित व बासी सब्जियों को तरोताजा दर्शाने के लिए कुछ लोग मेलाकाइट ग्रीन कलर का प्रयोग करते हैं जो स्वास्थ्य के लिए हानिकारक होते हैं। इसका पता लगाने के लिए सफेद ब्लाटिंग पेपर को गीला करके सब्जी पर रगड़ें। इससे संश्लेषित या सिंथेटिक रंग ब्लाटिंग पेपर आ जायेगा। यदि ऐसा करने से भी रंग नहीं आता है तो

सब्जियों को गुनगुने पानी में 15 मिनट तक डूबोकर रखें, यदि रंग का प्रयोग किया गया है तो पानी में रंग आ जायेगा।

दालों तथा बेसन में मिलावट

चने तथा अरहर की दाल में खेसारी दाल की मिलावट का पता करने के लिए 5–10 ग्राम दाल में 50 मिली॰ तनु हाइड्रोक्लोरिक अम्ल डालकर 15 मिनट तक उबालें। यदि गुलाबी रंग उत्पन्न होता है तो दाल में खेसारी दाल की मिलावट है।

पीले रंग की दालों में मैटानिल येलो डाई का इस्तेमाल भी किया जाता है। इसका पता लगाने के लिए थोड़ी सी दाल को पानी में डालकर ऊपर से थोड़ी मात्रा में सांद्र हाइड्रोक्लोरिक अम्ल डालें। पानी में गुलाबी रंग का दिखाई देना सिंथेटिक डाई की उपस्थिति का द्योतक है। दालों को लेड क्रोमेट से भी रंगा जाता है। इसका पता लगाने के लिए 5 ग्राम दाल को 5 ग्राम पानी में डालकर अच्छी तरह हिलाएं तथा कुछ बूंदें हाइड्रोक्लोरिक अम्ल की डालें। गुलाबी रंग आने पर लेड क्रोमेट की मिलावट का संकेत देता है। बेसन में मिलावट का पता लगाने के लिए बेसन को दाल के स्थान पर प्रयोग करें।

आटे में मिलावट

आटे में कंकड़ व रेत का पता लगाने के लिए 1 ग्राम आटे में 10 मिली॰ कार्बन टेट्राक्लोराइड मिलाकर हिलाएं तथा थोड़ी देर के लिए रख दें। कंकड़ व रेत आदि पदार्थ नीचें बैठ जाएंगे तथा आटा ऊपर रहेगा। अतिरिक्त भूसी की मिलावट का पता लगाने के लिए चौड़े मुंह के एक पात्र में पानी भरें तथा आटे को उसके ऊपर छिड़के। भूसी ऊपर तैरने लगेगी। इसी प्रकार आटे में चाक की मिलावट का पता करने के लिए 1 ग्राम आटे को 5 मिली॰ तनु हाइड्रोक्लोरिक एसिड में डालें। यदि बुलबुले दिखाई पड़ें तो चाक की मिलावट के संकेत है।

चाय में मिलावट

वस्तुतः चाय में कई प्रकार की मिलावट पाई जाती है, जैसे – रंगी हुई पत्तियां, प्रयोग की गई चाय की पत्तियां तथा आयरन फिलिंग्स

आदि। रंगी हुई पत्तियों की पहचान के लिए चाय को सफेद कागज पर डालकर रगड़ें। यदि कृत्रिम रंग होगा तो कागज पर दिखाई पड़ेगा। प्रयोग की कई पत्तियों की मिलावट का पता लगाने के लिए चाय को भीगे हुए फिल्टर पेपर पर फैला दें। यदि प्रयोग की गई पत्तियों की मिलावट होगी तो कागज पर गुलाबी तथा लाल रंग के धब्बे पड़ जाएंगे। आयरन फिलिंग्स का पता करने के लिए चाय के ऊपर चुम्बक घुमाएं। लोहे की फिलिंग्स चुम्बक पर चिपक जाएंगी।

मसालों में मिलावट

मसालें कई प्रकार के अवयवों को मिलाकर बनाये जाते हैं, जैसे – धनिया, हल्दी, मिर्च, काली मिर्च, इलायची, करी पत्ता आदि। जहाँ गरम मसाले के रूप में विभिन्न अवयवों को मिलाकर प्रयोग किया जाता है, वहीं इन्हें अलग–अलग भी इस्तेमाल किया जाता है। मसालों में विभिन्न प्रकार की मिलावट की जाती हैं।

पिसे हुए मसालों में रंग की मिलावट का पता लगाने के लिए संदेहास्पद मसाले को पेट्रोलियम ईथर के एक्सट्रैट में 13 नार्मलता का सल्फ्यूरिक एसिड़ डालें। लाल रंग युक्त एक्सट्रैट में डिस्टिल्ड वाटर मिलाने पर रंग लुप्त हो जाये तो मसाले को मिलावट से मुक्त मानें।

काली मिर्च में पपीते के बीजों की मिलावट की पहचान करने के लिए एक बीकर में कार्बन टेट्राक्लोराइड लें तथा उसमें काली मिर्च डालें। इसमें यदि पपीते के बीजों की मिलावट होगी तो पपीते के बीज बीकर में ऊपर तैरते नजर आयेंगे तथा शुद्ध काली मिर्च बीकर के तल में बैठ जाएगी।

धनिया पाउडर में सूखा गोबर मिलाये जाने की घटनाएं प्रायशः प्रकाश में आती हैं। इसकी मिलावट का पता लगाने के लिए धनिया पाउडर को पानी में डालें। यदि गोबर की मिलावट होगी तो पानी में गोबर की गंध आयेगी तथा गोबर के कण पानी के ऊपर तैरेंगे। यदि अनाज की भूसी तथा लकड़ी का बुरादा मिलाया गया हो तो वे भी पानी के ऊपरी सतह पर तैरते नजर आयेंगे। लालमिर्च में ईंट का पाउडर तथा पत्थर का चूरा भी मिलाया जाता है। इनका पता लगाने के लिए एक बीकर में क्लोरोफॉर्म तथा कार्बन टेट्राक्लोराइड का मिश्रण लें और उसमें मिलावटी लाल मिर्च को डालें। ईंट व पत्थर का पाउडर बीकर में नीचे बैठ जायेगा। मिर्च में रोडासिन रंग की मिलावट के लिए

एक टेस्ट ट्यूब में 2 ग्राम लालमिर्च का पाउडर लें तथा 5 मिली॰ एसीटोन डालें। तुरंत उत्पन्न लाल रंग रोडामिन की उपस्थिति का संकेत देता है।

चित्र – 17अ. विभिन्न खाद्य पदार्थों में अलग–अलग मिलावटी पदार्थ

हल्दी में लेड क्रोमेट की मिलावट का पता लगाने के लिए हल्दी पाउडर की राख बनाकर 1:7 अनुपात में सल्फ्यूरिक एसिड में घोलकर फिल्टर करलें। अब इसमें 0.1% सांद्रता के डाइफिनाइल कार्बाजाइड की 1–2 बूंद डालें। गुलाबी रंग का उत्पन्न होना लेड क्रोमेट की मिलावट का संकेत देता है। हल्दी पाउडर में मैटानिल येलो सिंथेटिक रंग की मिलावट का पता लगाने के लिए उसमें सांद्र हाइड्रोक्लोरिक एसिड की कुछ बूंद डालें। तुरंत बैंगनी रंग मिलावट का सूचक है। यदि यह रंग पानी से पतला करने पर लुप्त हो जाता है तो मिलावट नहीं हैं।

हींग में सोपस्टोन तथा अन्य मिट्टी की मिलावट के लिए थोड़ी सी हींग को पानी में मिलाकर छोड़ दें। मिलावटी पदार्थ तल में बैठ जायेंगे। चॉक की मिलावट के लिए हींग को कार्बन टेट्राक्लोराइड में मिलाकर हिलाएं। हींग नीचे बैठ जायेगी। अब ऊपर तैरते पदार्थ को निथारकर इसमें तनु हाइड्रोक्लोरिक अम्ल डालें। यदि इसमें बुलबुले उत्पन्न हों तो चॉक पाउडर की मिलावट समझें।

केसर में मक्का के भुट्टे के ऊपरी बालों की मिलावट के लिए केसर के बालों को हाथ से तोड़ें। शुद्ध केसर के बाल टूटने के बजाय मुड़ जायेंगे, जबकि मक्का के ट्रेंडिल्स अधिक भंगुर होने के कारण तुरंत टूट जायेंगे। इसके अलावा शुद्ध केसर पानी में लंबे समय तक रंग छोड़ती रहेगी, जबकि मक्का के टेंड्रिल व अन्य मिलावटी पदार्थों के साथ ऐसा नहीं होगा। इन मिलावटी पदार्थों को चित्र–17अ व 18 में दर्शाया गया है।

चित्र–18. हींग एवं केसर में मिलावट की पहचान

कुछ प्रमुख खाद्य पदार्थों में मिलावट के दुष्प्रभाव एवं परीक्षण करने की सरल वैज्ञानिक विधियां सारणी–1 में दर्शायी गई है।

सारणी –1

क्र॰ सं॰	खाद्य/पेय पदार्थ का नाम	मिलावट के संभावित पदार्थ	रोग का नाम	जाँच विधि व परिणाम
1	दूध	पानी	संग्रहणी	लैक्टोमीटर डुबाने से उसकी धारिता 1040 से कम नहीं होनी चाहिए।
		मक्खन निकाल लेना		कांच के गिलास में दूध लेकर आयोडीन के कुछ बूँदे डालने से दूध का रंग नीला काला हो जायेगा।

		यूरिया		5 मिली॰ नमूने में आधा चम्मच अरहर या सोयाबीन का आटा मिलाकर पाँच मिनट तक घोलें एवं हल्दी रंगे पेपर के टुकड़े को उसमें डुबोएँ। पेपर का रंग पीला से लाल हो जायेगा। पुनः इसमें एक बूँद अमोनिया का घोल मिलाने पर हरा हो जायेगा।
		सोडियम बाईकार्बोनेट		3 मिली॰ नमूने में 10 बूँद सेस्टालिक एसिड मिलाएँ। गुलाबी रंग हो जायेगा।
2	सूजी	लोहे के कण	अल्सर	चुम्बक फिराने से/पानी भरे गिलास में डालने से लोहे के कण चुम्बक के ऊपर चिपक जाते हैं/पानी में नीचे बैठ जाते हैं।
		कोयले के कण		गिलास के पानी भरे गिलास में डालने से कोयले के कण तैरने लगते हैं।
3	घी	वनस्पति घी	गंदगी के कारण पाचन रोग	आधा चम्मच घी में आधा चम्मच HCl तथा आधा चम्मच चीनी मिलाकर कुछ देर तक हिलाकर गरम करें। लगभग दस मिनट में लाल रंग आ जायेगा।
		उबाले हुए आलू		आयोडीन की कुछ बूँदें डालने से नीला काला रंग आ जायेगा।
4	महीन चीनी	गेहूँ का आटा	आन्त्र रोग	आयोडीन डालने से नीला काला रंग आ जायेगा।
5	आइसक्रीम	धुलाई का सोडा	आन्त्र रोग	नींबू निचोड़ने से उफान आने लगता है।
6	लाल मिर्च	लकड़ी का चूरा	आन्त्र रोग	पानी भरे गिलास में डालने से लकड़ी का चूरा पानी में तैरने लगता है तथा मिर्च धीरे–धीरे नीचे बैठती है।
		ईंट का बुरादा		ईंट का चूरा तुरन्त नीचे बैठता है जबकि मिर्च धीरे–धीरे नीचे बैठती है।

7	हल्दी, पीली मिठाई, जलेबी, अरहर/मूँग दाल	मेटानिल येलो रंग, केसारी, कीमटर	कैंसर, गठिया, जोड़ों में दर्द	काँच के पानी भरे गिलास में हल्की तथा 2–4 बूँद HCl डालने से लाल रंग आकर बना रहेगा।
8	चाय	डुप्लीकेट चाय	आन्त्र रोग	सफेद कागज पर घिसने से बनावटी चाय का रंग कागज पर आ जाता है।
		लोहे का कण	अल्सर	चुंबक डालने से लोहे के कण चुंबक पर चिपक जायेंगे।
9	काली मिर्च	पपीता के बीज	गंदगी के कारण पाचन रोग	पानी भरे गिलास में डालने से पपीता के बीज तैरने लगते हैं।
10	मक्खन, मिठाई, खोवा	मैदा (गेहूँ का महीन आटा)	पाचन रोग	आयोडीन डालने से नीला काला रंग आ जायेगा।
11	चावल	कंकड़	पथरी, अल्सर	बिलोरी काँच द्वारा निरीक्षण से कंकड़, काँच के टुकड़े अलग–अलग मालूम पड़ जाते हैं।
12	केसर	मक्का की रंगी मूँछें	गंदगी के कारण पाचन रोग	पानी में डालने से मक्का की मूँछों पर लगा हुआ रंग पानी में घुल जाता है।
13	सरसों का तेल	आर्गेनिक तेल	उदर विकार	3 मिली नमूने में नाइट्रिक एसिड की 20 बूँदें डाल कर परखनली का मुँह बंद कर 3 मिनट तक गर्म करें, रंग लाल हो जायेगा।
		मोबिल तेल	लकवा	20 बूँदे नमूने में 10 बूँदे एल्को हॉलिक पोटाश मिलाकर गर्म करें तथा हाइड्रोक्लोरोकइनल ब्रोमाइड की 10 बूँदें डालें। रंग नीला हो जायेगा।
		खनिज तेल	लकवा	3 मिली नमूने में एल्कोहॉलिक पोटाश की 10 बूँदें मिलाकर 3 मिनट तक गर्म करें। रंगहीन होने पर 10 बूँद पानी मिला दें। तेल गँदला दिखने लगेगा।

4. प्लास्टिक भी रसायनों की देन

प्लास्टिक आज अत्यधिक प्रचलित शब्द बन चुका है। बच्चे से लेकर बूढ़े तक की जुबान पर यही नाम आता रहता है। वस्तुतः इसका उपयोग कला तथा विज्ञान दोनों ही क्षेत्रों में बहुतायत से हो रहा है। परंतु कला के क्षेत्र में क्ले (Clay) तथा प्लास्टिक आर्ट (Plastic art) से प्रायशः लोग परिचित हैं। चिकित्सा के क्षेत्र में भी प्लास्टिक का नाम प्लास्टिक सर्जरी से जुड़ा हुआ है। भौतिकविज्ञान में 'प्लास्टिक' शब्द का व्यवहार कुछ पदार्थों के एक विशेष गुण का सूचक है – जिसे लचीलापन या प्रत्यास्थता कहते हैं। इसी प्रकार रसायन विज्ञान में इसका प्रयोग कार्बनिक यौगिक से बने एक विशेष प्रकार के पदार्थों के लिए किया जाता रहा है। कृषि के क्षेत्र में भी प्लास्टिक कल्चर (Plastic Culture) जैसे शब्द खेतों में प्लास्टिक उगाने के अर्थ में प्रयुक्त होते हैं। वस्तुतः प्लास्टिक शब्द, ग्रीक भाषा के Plastikos से निकला है, जिसका अर्थ है बनाना या (To-form)।

जर्मन वैज्ञानिक शानबीन ने उन्नीसवीं सदी में सेल्युलोज पर नाइट्रिक अम्ल की क्रिया से नाइट्रोसेल्युलोज नामक बहुलक तैयार किया। तथा अमेरिकी युवा वैज्ञानिक जानवेसली ह्याट (John Wesley Hyatt) ने नाइट्रोसेल्युलोज से बने पदार्थ का नाम सेलुलायड (Celluloid) रखा। वस्तुतः यही पदार्थ प्लास्टिक उद्योग का आधार बना।

वर्ष 1926 में सेल्युलोज ऐसीटेट से सुनम्य प्लास्टिक तैयार किया गया, जिसका वस्त्र उद्योग में बहुत उपयोग हुआ। 1907 में डॉ॰ लियो हेड्रिक बेकलैंड ने फीनोल फार्मेल्डिहाइड नामक एक रेजिन का आविष्कार किया और उसका नाम बेकेलाइट रखा। 1923 में फ्रिट्ज पोलक तथा कुर्टरिपर ने यूरिया फार्मेल्डिहाइड प्लास्टिक का आविष्कार किया। इन नवीन प्लास्टिकों का उपयोग घरेलू वस्तुओं, फर्नीचर तथा रेडियो में बहुतायत से होने लगा। प्लास्टिक के क्षेत्रों में बेकलैंड के योगदान के कारण उन्हें पॉलिमर रसायन का जनक कहा जाता है।

प्लास्टिक को दो मुख्य समूहों में वर्गीकृत किया जाता है, यथा – ताप सुनम्य या थर्मोप्लास्टिक एवं तापदृढ़ या थर्मोसेट प्लास्टिक (चित्र–18ए)।

थर्मोप्लास्टिक सामान

थर्मोसेट प्लास्टिक सामान

चित्र 18ए.

पॉलिमर

प्लास्टिक को रसायन विज्ञान की भाषा में बहुलक या पॉलिमर (Polymer) कहा जाता है। तो प्रश्न होता है कि यह पॉलिमर है क्या? वस्तुतः पॉलिमर शब्द Pulys (बहु, अनेक) तथा Meros (भाग) इन दो ग्रीक शब्दों से मिलकर बना है। अतः पॉलिमर का अर्थ है अनेक भागों से या इकाइयों से बना हुआ। पॉलिमर उन बृहद् अणुओं का सूचक है जिनमें पुनरावृत्ति करने वाली इकाइयों की एक लंबी श्रृंखला पाई जाती है।

यह भली भाँति ज्ञात है कि प्रत्येक पदार्थ लघु इकाइयों या अणुओं से बना होता है। अधिकांश पदार्थों में लघु अणु होते हैं। उदाहरणार्थ, जल के अणु लघु होते हैं – यानी एक अणु में कुछ ही परमाणु होते हैं, परन्तु प्लास्टिक के अणुओं में लाखों परमाणु एक साथ शृंखलित रहते हैं। हम सबसे सरल और बहुपरिचित प्लास्टिक पॉलिथीन को लेते हैं। यह कार्बन (C) और हाइड्रोजन (H) परमाणुओं के परस्पर श्रृंखलन से बनता है तथा इसके परमाणु निम्नवत् शृंखलित रहते हैं –

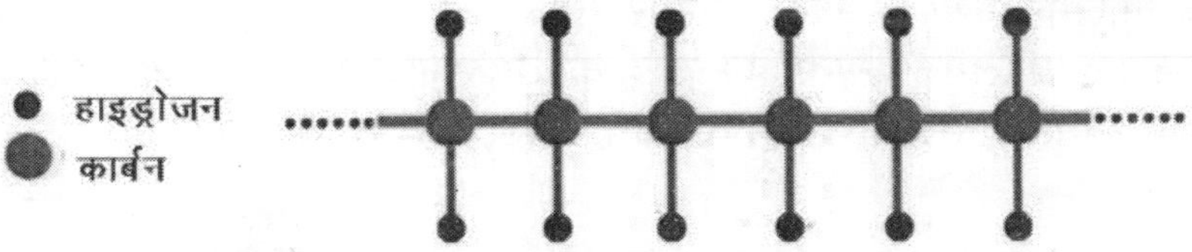

Polyethylene or polythene

$$nCH_2{=}CH_2 \longrightarrow (-CH_2-CH_2-)_n$$

इस अणु में एक ही इकाई $\overset{|}{\underset{\underset{H}{|}}{C}}$ (यानी CH_2) बार–बार आती है।

ऐसी लंबी शृंखलावाले अणु को रसायन की भाषा में पॉलिमर (Polymer) कहते हैं। प्रायः सभी प्लास्टिकों के नाम पॉलि (Poly = बहुल) से प्रारम्भ होते हैं। प्लास्टिक के नाम का अंतिम भाग इसका सूचक होता है कि वह किस यौगिक से व्युत्पन्न है। उदाहरण के तौर पर पॉलिथीन नाम को ही लें। इसका सही नाम पॉलिएथिलीन है। इसमें प्रारंभिक पॉलि बहु तथा अंतिम भाग एथिलीन सूचित करता है कि यह प्लास्टिक एथिलीन नामक रासायनिक यौगिक से व्युत्पन्न है। इसी तरह पॉलिस्टाइरीन प्लास्टिक स्टाइरीन से व्युत्पन्न है।

प्रायः सारे प्लास्टिक पॉलिथीन के ही समान लंबे–लंबे अणुओं से बने होते हैं जिनकी "रीढ" कार्बन (C) होती है। इसका कारण यही है कि समस्त रासायनिक तत्वों में से कार्बन ही ऐसा तत्व है, जो इस प्रकार से अपने आप से शृंखलित होकर दीर्घ शृंखला बना सकता है। यहाँ ध्यान देने की बात यह है कि सिलिकॉन तथा ऑक्सीजन तत्व परस्पर शृंखलित रहते हैं।

जिस रासायनिक क्रिया से लघु अणु या बहुलक का निर्माण होता है वह बहुलकीकरण कहलाती है। यदि हम लघु अणुओं को A से प्रदर्शित करें तो बहुलक को – A – A – A – A – द्वारा प्रदर्शित किया जाएगा। किसी एक बहुलक में एक लाख तक ऐसी इकाइयाँ पाई जा सकती हैं। इन इकाइयों को एकलक या मोनोमर कहा जाता है।

पॉलिमर में एक ही रासायनिक इकाई (यूनिट) के एकलक (मोनोमर) हो सकते हैं अथवा अलग–अलग रासायनिक इकाइयों के एकलक हो सकते हैं। यह प्रेक्षित किया गया है कि कार्बन दोनों प्रकार के पॉलिमर यथा – जैव पॉलिमर (प्राकृतिक पॉलिमर) और कृत्रिम या संश्लिष्ट पॉलिमर बनाता है। कुछ कार्बन समावेशित प्राकृतिक पॉलिमर है – पौधों में सेलुलोस, काष्टरेजिन, रबड़ और स्टार्च आदि।

रसायन विज्ञानियों ने विभिन्न प्रकार के पॉलिमरों का संश्लेषण किया है।

विभिन्न प्रकार के प्लास्टिक : जैसा कि विदित है आज के युग को प्लास्टिक युग कहें तो कोई अतिश्योक्ति नहीं होगी। विभिन्न प्रकार के प्लास्टिक संबंधी जानकारी निम्नवत् है।

(i) पॉलि स्टाइरीन : इसको एथिलीन तथा बेंजीन की क्रिया करवाकर पहले स्टाइरीन प्राप्त की जाती है, जिसके बहुलकीकरण द्वारा पॉलिस्टाइरीन प्राप्त की जाती है। पॉलिस्टाइरीनों का उपयोग सॉचे (Moulds) बनाने तथा नाना प्रकार के सामानों में प्रयुक्त होता है। इनसे खाद्य पदार्थों के डिब्बे, फ्रिज के भीतरी भाग, चूड़ियाँ, छातों के हत्थे, कंघी आदि बनाये जाते हैं। फेनकारी पदार्थ मिलाकर इनसे

फोम भी बनाया जा सकता है। इनका प्रयोग थर्मोकोल, कॉफी के लिए प्लास्टिक कप बनाने में भी किया जाता है।

(ii) पॉलिवाइनिल क्लोराइड (पीवीसी) – इसका वर्ष 1931 में सर्वप्रथम उत्पादन जर्मनी में हुआ। यह एथिलीन तथा क्लोरीन की क्रिया से प्राप्त विनाइल क्लोराइड के बहुलकीकरण से बनता है। इस प्लास्टिक की विशेषता है कि इस पर जल, ग्रीस, तेल, पेट्रोल तथा अन्य संक्षारक पदार्थों की कोई प्रतिक्रिया नहीं होती है। यह पारदर्शक होता है, अतः इससे तरह–तरह की रंगीन वस्तुएँ बनाई जा सकती हैं। पीवीसी के बने पाइप, ग्रामोफोन रिकार्ड, केबल, पानी की टंकियाँ, खिलौने, चप्पल आदि विविध वस्तुएँ हैं।

(iii) पॉलि ओलीफीन्स – वर्ष 1936 में एक ब्रिटिश कंपनी ने पहला ऐलीफैटिक पॉलि ओलीफीन प्लास्टिक बनाने में सफलता प्राप्त की। उसने इसका नाम पॉलि एथिलीन रखा। सबसे सरल ओलीफीन, एथिलीन ($CH_2=CH_2$) है। इसका बहुलकीकरण करने पर पॉलिएथिलीन बनता है जिसमें CH_2 शृंखला वाला बहुलक प्राप्त होता है। वस्तुतः पॉलि एथिलीन ही पॉलिथीन (Polythene) कहलाता है। इस प्लास्टिक की देश के शहरीय एवं ग्रामीण क्षेत्रों में बहुत लोकप्रियता बढ़ चुकी है। चाहे दूध की थैलियाँ हो, डिटरजेंट पाउडर, खाद्य की पैकिंग, सब्जी के लिए भी प्लास्टिक के थैले काम में लिए जाते हैं। इससे विशाल आकार की पानी की टंकियां भी बनाई जाती है।

पॉलिथीन की तरह, प्रोपिलीन ($CH_2=CHCH_3$) के बहुलकीकरण से पॉलि प्रोपिलीन तैयार किया जाता है। यह पॉलिथीन से अधिक कठोर और अधिक तनन शक्तिवाला होता है। तथा सर्वाधिक हल्का भी होता है। इसकी चादरें मोड़ने पर भी टूटती नहीं हैं, अतः इसका प्रयोग अटैची केस, बैग, कुर्सियों, बाल्टियों तथा टी॰वी॰ के अवयवों में किया जाता है।

(iv) एक्रिलायड प्लास्टिक : ये एक्रिलिक अम्ल इसके मेथिल, एथिल एस्टर आदि के बहुलकीकरण द्वारा बनाये जाते हैं। पॉलि मेथिल एक्रिलेट पर्सपेक्स ऐसा ही प्लास्टिक है जिसकी चादरें बिजली के सामान, टेलीफोन, हवाईजहाज की खिड़कियों के लिए सुरक्षा काँच के लिए प्रयुक्त होती हैं। पारदर्शी होने से दूरबीन के प्रिज्म, कैमरे के लैंस, लैम्पशेड तथा कांटैक्ट लेंस भी इससे बनाये जाते हैं।

(v) पॉलियूरिथेन : यह फोम के रूप में प्रयुक्त होनेवाला प्लास्टिक है। "यू फोम" व्यापारिक नाम से बाजारों में उपलब्ध प्लास्टिक की वस्तुएँ इसी वर्ग के अन्तर्गत आती हैं। इस प्लास्टिक का लेप करके घटिया वस्तुओं को उत्तम बनाया जा सकता है। संश्लिष्ट चमड़ा तथा रेक्सिन, सूती कपड़े पर पीवीसी की परत चढ़ाकर बनाया हुआ यही प्लास्टिक है। पॉलियूरिथेन लेपित चमड़ा, विशेषतया जूते बड़े आरामदेह होते हैं।

(vi) टेफ्लॉन–पॉलिटेट्राफ्लोरोएथिलीन (PTEE) : पॉलिथीन में हाइड्रोजन के स्थान पर फ्लोरीन समाविष्ट करके बहुलकीकरण पश्चात् टेफ्लॉन–पॉलिटेट्राफ्लोरोएथिलीन प्राप्त की जाती है। इसकी ताप चालकता अधिक होने के कारण इसका प्रयोग रसोई के बर्तनों में भीतरी सतह पर लेप करने के लिए किया जाता है। नॉनस्टिक तवे तथा कड़ाहियाँ भी इसी से लेपित होती है।

(vii) नायलॉन : यह एक थर्मोप्लास्टिक पदार्थ है जिसका व्यापारिक दृष्टि से सर्वप्रथम उपयोग सन् 1938 में टूथब्रुश के बाल (ब्रिस्टल) बनाने में (चित्र–19) किया गया था। इसका उपयोग कई वाहनों के टायरों में प्रबलक के रूप में किया जाता है, ठोस नायलॉन का उपयोग मशीनों के स्क्रू तथा अन्य उत्पादों के अवयवों में धातु के विस्थापक के रूप में भी किया जाता है। नाइलॉन के जेकेट भी मिलते हैं।

(viii) कुछ अन्य प्लास्टिक : कुछ ऐसे भी प्लास्टिक होते हैं, जिनमें ऊष्मा तथा विद्युत् संचालक की शक्ति होती है तथा वे धातु जैसा आचरण करते हैं। पॉलि ऐसिटिलीन, ताँबे से दो गुना सुचालक प्लास्टिक है जो अंतरिक्ष कार्यक्रमों में उपयोग किया जाता है। इसी प्रकार उच्च तापसह प्लास्टिक 900° से॰ पर भी नहीं पिघलते हैं। पॉलिडाइफेनिल ऑक्साइड ऐसा ही पदार्थ है। इसका प्रयोग अग्निरोधक कपड़े बनाने में किया जाता है। 'केवलार' नामक प्लास्टिक के रेशे बुलेटरोधी जैकेट बनाने में प्रयुक्त किए जाते हैं। अपने ही भार से कई सौ गुना जल शोषण क्षमता का एक नवीन प्लास्टिक हमारे ही देश में राष्ट्रीय रासायनिक प्रयोगशाला, पुणे में तैयार किया गया है। इसका नाम 'जलशक्ति' है। आशा है कि ऊसर भूमि सुधार में यह अत्यधिक लाभप्रद रहेगा।

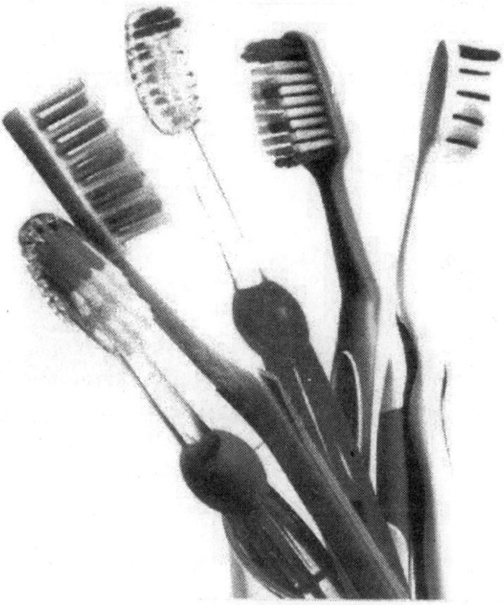

चित्र–19. नायलॉन के उत्पाद

कृत्रिम रेशों का आधार भी प्लास्टिक

यह प्रेक्षित किया गया है विश्व में 15 बिलियन टन, भारत में 4 लाख टन संश्लिष्ट रेशे तथा 2 लाख टन सेल्युलोज रेशे तैयार होते हैं। ये निम्न प्रकार के होते हैं।

(v) पॉलि एमाइड रेशे: इस प्रकार के प्लास्टिक का निर्माण सर्वप्रथम 1934 में हुआ तथा इसका नाम नायलॉन पड़ा। इसमें कच्चे माल के रूप में बेंजीन तथा ब्यूटाडाइन ($CH_2 = CH - CH = CH_2$) का प्रयोग होता है। इस वर्ग के प्लास्टिकों का उपयोग गृहस्थी की वस्तुएँ तैयार करने के साथ ही प्रमुखतया वस्त्र उद्योग में होता है।

पॉलिएस्टर : इन प्लास्टिकों को किसी ऐसे कार्बनिक अम्ल को ऐल्कोहल से क्रिया करके तैयार किया जाता है, जिसमें दो –COOH समूह हों। इसे टेरिलीन भी कहते है।

ऐक्रिलिक रेशे : ये पॉलिऐक्रिलो–नाइट्राइल से बनाये जाने वाले रेशे हैं। इन्हें कृत्रिम ऊनी रेशे भी कहते हैं। यह ऊन की अपेक्षा हलका, मुलायम तथा गरम होता है। अतः यह ऊन का विकल्प है।

संश्लिष्ट रबड़ : वर्ष 1927 में जर्मनी के वैज्ञानिकों ने ब्यूटाडाइन नामक यौगिक से, जो पेट्रोलियम का उपजात था, संश्लिष्ट रबड़ तैयार किया जिसका नाम 'ब्यूना' रखा गया। संश्लिष्ट रबड़ में प्रत्यास्थ होता है और यह कार तथा ट्रकों के टायर बनाने में विशेष रूप से काम आता है (चित्र–20)।

चित्र–20. संश्लिष्ट रेशे

मशीन के पट्टे, गास्केट, रबड़ के रोलर भी कृत्रिम रबड़ से बनाये जाते हैं।

जैव अपघटनीय प्लास्टिक

प्लास्टिक से निरन्तर हो रहे खतरे तथा वैश्विक पर्यावरण और ठोस अपशिष्ट के साथ जुड़ी समस्याओं के प्रबंधन को ध्यान में रखते हुए, आजकल एक विशेष और नई तरह के पर्यावरण स्नेही प्लास्टिक को विकसित करने में वैज्ञानिक का ध्यान गया है। इसी क्रम में सीएसआईआर – सीएसएमसीआरआई, भावनगर के वैज्ञानिकों ने पॉलिहाइड्रॉक्सीएल्कोनोएट (पीएचए) जैव अपघटित तथा पर्यावरणनुकूल थर्मोप्लास्टिक तैयार किया है (चित्र 20ए)। ये पेट्रोरसायनों से उत्पादित प्लास्टिक के आकर्षक विकल्प हो सकते हैं। क्योंकि इनमें उनके ही समान थर्मोप्लास्टिक और लचकदार प्लास्टिक के गुण है। इसके औषधीय तथा पैकेजिंग उद्योगों में उपयोग की प्रबल संभावना है। सीएसआईआर के इस अनुसंधान संस्थान को इस शोध कार्य हेतु राष्ट्रीय स्तर पर पुरस्कृत भी किया है।

संश्लिष्ट प्लास्टिक के विकल्प खोजने के लिए इस संस्थान के वैज्ञानिकों ने अथक प्रयासों द्वारा जल में घुलनशील "कप्पा केराजीनन" नामक पॉलिसेकेराइड को लाल शैवाल से प्राप्त किया, जो अधिकतर खाद्य पदार्थों एवं आइसक्रीम उद्योगों में स्थिरक और संरचना प्रदाता के

रूप में उपयोग किया जाता है। इसमें से जैव अपघटित (बायोडिग्रेडेबल) फिल्म बनाई गई है जो अजलीय ठोस तथा तरल पदार्थ के पैकेजिंग के लिए उपयोगी है। संस्थान को इस शोध कार्य हेतु यूएस पेटेन्ट (यूएस 7, 067, 568 जून 2006) भी प्राप्त हुआ है।

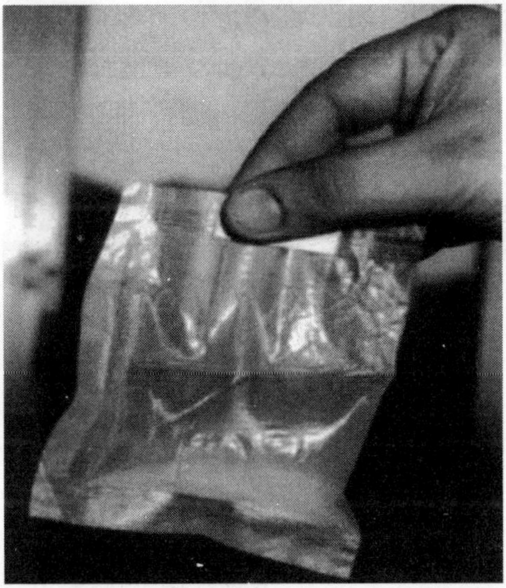

चित्र – 20–ए. जैव अपघटनीय प्लास्टिक

प्लास्टिक के उपयोग : जैसा कि विदित ही है पहले प्रस्तर युग, फिर कांस्य युग और तब लौह युग का आगमन हुआ। बीसवीं सदी में औद्योगिक क्रांति लाने के लिए लोहे की बनी मशीनें जिम्मेदार थीं। तत्पश्चात् कुछ समय तक इंजीनियर ढलवाँ लोहा तथा इस्पात को निर्माण कार्य में प्रयुक्त करते रहे। फिर विद्युत् शक्ति उद्योग में ताँबा, प्रधान निर्माण सामग्री के रूप में उभरकर आया। उसके बाद ताँबे की मिश्र धातुएँ, विशेषतः काँसे का प्राधान्य रहा। नलकारी के लिए सीसा तथा स्टील की सुरक्षा के लिए जिंक का प्रयोग हुआ।

प्लास्टिकों का उपयोग पैक करने, फर्नीचर, बिजली का सामान तथा यातायात सामग्री में विस्तृत रूप से होने लगा है। तथा कल की मोटरकारों में आज की अपेक्षा अधिक पुर्जे प्लास्टिक के होंगे। उच्च शक्ति के काँच प्रबलित प्लास्टिक (GRP) मोटर कारों के इंजिनों में प्रयुक्त होने लगे हैं। चित्र–20बी में प्लास्टिक से निर्मित जीवनोपयोगी वस्तुएँ दर्शाई गई हैं।

प्लास्टिक से निर्मित कुछ जीवनोपयोगी वस्तुएँ

चित्र–20बी.

प्लास्टिक में कार्बन या मैग्नेटिक बेरियम फेराइट मिलाकर उन्हें विद्युत् दृष्टि से सुचालक बनाया जा सकता है। प्लास्टिक को आसानी से विभिन्न साँचों में ढाला जा सकता है।

अब प्लास्टिक ने फर्नीचर में लकड़ी का स्थान, खिड़कियों में काँच का स्थान, यांत्रिक इंजीनियरी में धातुओं का स्थान, वस्त्रों में ऊन का और जूतों में चमड़े का स्थान ग्रहण कर लिया है। कम्प्यूटरों में तो प्लास्टिकों का वर्चस्व है– केस, की–बोर्ड, डेटास्टोरेज डिस्क आदि सभी प्लास्टिक के होते हैं। वस्तुतः प्लास्टिक के बिना कम्प्यूटर की कल्पना ही नहीं की जा सकती है। अतः अनेक गुणों से युक्त होने के कारण बीसवीं सदी के उत्तरार्द्ध में प्लास्टिक का वर्चस्व सर्वत्र फैल चुका है।

जल शोधन में पॉलिमर (बहुलक) की उपयोगिता

वस्तुतः जल जीवन की एक मूलभूत आवश्यकता है। हमारे देश में अनेक ऐसे क्षेत्र हैं, जहाँ पेयजल की न केवल कमी है वरन् कई प्रदेशों में जल की गुणवत्ता पर प्रश्नचिन्ह लग जाता है। न केवल लवणीयता – क्षारीयता वरन् नाइट्रेट, फ्लोराइड, लोह व आर्सेनिक की समस्या भी रोगकारक बन जाती है।

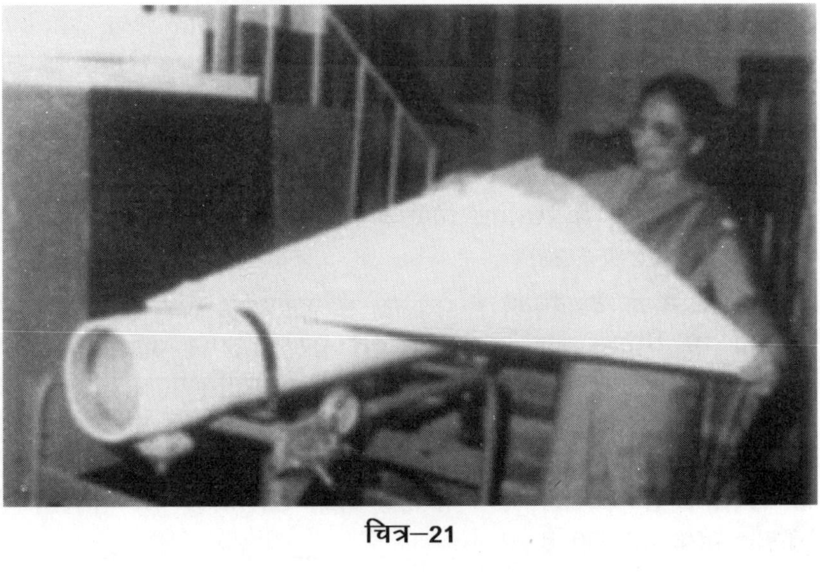

चित्र–21

यद्यपि जल शोधन की अनेक विधियाँ प्रचलित है, यथा – छानना, निथारना, निस्यंदन, रोगाणुनाशन एवं परंपरागत विधियाँ आदि। जल के शोधन हेतु देश में कई शोध संस्थान इस दिशा में कार्य कर रहे हैं। भावनगर के नमक व समुद्री रसायन अनुसंधान संस्थान ने लवणीय जल को पेयजल में बदलने की कुछ तकनीकें विकसित की हैं। इनमें प्रमुख हैं – सौर आसवन (सोलर स्टिल्स) प्रतिलोमी परासरण या रिवर्स ओस्मोसिस और विद्युत् अपोहन (इलेक्ट्रो डायलिसिस)।

संस्थान ने इस दिशा में झिल्ली (मेम्ब्रेन) पृथक्करण प्रक्रम, जैसे – नैनो निस्यंदन (Nano Filtration) तथा परानिस्यंदन (Ultra Filtration) जैसी प्रभावी विधियाँ विकसित कर कम लागत पर देश के समस्याग्रस्त क्षेत्रों में पेयजल सुलभ करवाया है।

चित्र – 22

सीएसएमसीआरआई के वैज्ञानिकों ने बहुलक या पॉलिमर आधारित विषमांग एक ध्रुवी तथा द्विध्रुवी विद्युत् अपोहन झिल्ली विकसित की है जिससे इनके विविध उपयोग के अवसर बढ़े हैं। इस संस्थान ने लवणीय तथा समुद्रीजल के उपयोग के लिए बड़े पैमाने पर संघटित पतली झिल्ली (टीएफसी) तकनीक विकसित की है तथा कई संयंत्र देश–विदेश में स्थापित किए हैं जो सफलतापूर्वक कार्य कर रहे हैं (चित्र 21, 22 एवं 23)।

संस्थान के वैज्ञानिकों ने पेयजल में फ्लोराइड तथा आर्सेनिक की समस्या के निदान हेतु लागत कीमत पर पॉलिमर आधरित रेजिन विकसित किए हैं। फ्लोराइड निष्कासन हेतु ऐमिनोमिथाइल फास्फोनिक एसिड रेजिन तथा पेयजल से आर्सेनिक निष्कासन हेतु पॉलिएक्रेमाइड इमाइड प्रकार की संरचनावाले रेजिन विकसित किए हैं। इन रेजिनों के उपयोग से पेयजल में फ्लोराइड तथा आर्सेनिक की समस्या से निजात पाया जा रहा है।

चित्र – 23

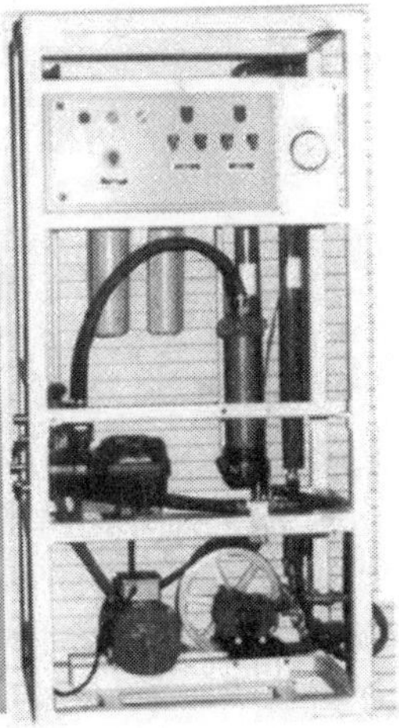

चित्र–24

सीएसएमसीआरआई, भावनगर द्वारा नवीन उपकरणों की संरचना भी की गई है जिनमें लवणीय जल से प्रति घंटा 500 लीटर शुद्ध पेयजल प्राप्त करने की पशुचालित आर.ओ.यूनिट (चित्र 24) तथा जैव सक्रियता को प्रगामी बनाने में उपयोगी जलीय हर्बल सांद्रक है। इस संस्थान के वैज्ञानिकों ने पॉलिसल्फॉन होलो फाइबर अल्ट्रा फिल्टरेशन मेम्ब्रेन के उत्पादन का प्रक्रम (चित्र 25) विकसित किया है, जिनका बाहरी व्यास 1000 – 1500 माइक्रॉन तथा आंतरिक व्यास 700–1000 माइक्रॉन है। इस प्रकार की पॉलिमर आधारित झिल्लियाँ जल को

रोगाणुओं से मुक्त करने में कारगर सिद्ध हुई है। संस्थान को इस कार्य के लिए यूएस पेटेन्ट (यू एस 7, 387, 728 जून 2008) भी प्राप्त हुआ है।

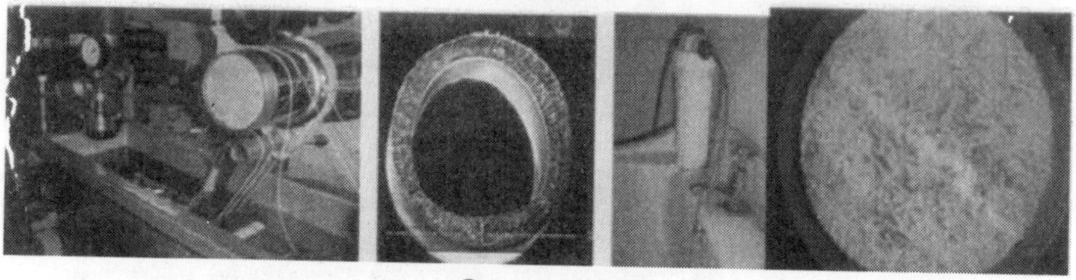

चित्र – 25

प्लास्टिक के इंजिन, घर और ईंधन भी होंगे

अमेरिका की एक कंपनी पेटको ने इंजन निर्माण की प्रक्रिया में क्रांतिकारी शुरुआत की है। धातु से निर्मित इंजिन भार बढ़ाते है। अतः इस कंपनी द्वारा तैयार किया गया इंजन छोटी कारों के लिए उपयोगी है। इनका 70% से भी अधिक भाग थर्मोप्लास्टिक से निर्मित है। प्लास्टिक की क्रैंकशैफ्ट यानी धुरी भी तैयार हो सकती है जो अभी तक लोहे की बनती थी।

फिनलैण्ड में दो मंजिला मकान वाली पूरी बस्ती प्लास्टिक से बनी है (Nastehaus)। इसमें 75% से अधिक सामग्री प्लास्टिक की बनी है। इस प्रयोग में प्लास्टिक को स्टील तथा कंक्रीट से संयुक्त कराया जाता है। इन घरों में ऊर्जा खपत परम्परागत सामग्रियों की तुलना में 30% कम होगी।

ऐसा विदित हुआ है कि क्लोराइड आधारित पीवीसी जैसे थर्मोप्लास्टिक अपशिष्ट अब ईंधन तेल में बदले जा सकेंगे। अभी 20% प्लास्टिक कचरा पीवीसी प्लास्टिक का होता है। इसके जलाने से HCl गैस तथा जहरीले यौगिक उत्पन्न होते हैं।

जापान की तोशिबा कंपनी थर्मोप्लास्टिकों को चूर्ण करके 400 सें. तापमान पर तेल बाथ में गरम करती है। इसमें सोडियम हाइड्रॉक्साइड मिलाकर क्लोरीन गैस को सोडियम क्लोराइड में बदल दिया जाता है। इस तापमान पर तथा 10 वायुमंडलीय दाब पर 6–8 कार्बन परमाणु की शृंखला बनती है जो पेट्रोल तथा डीजल में रहती है।

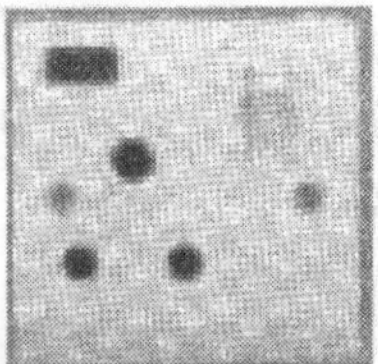

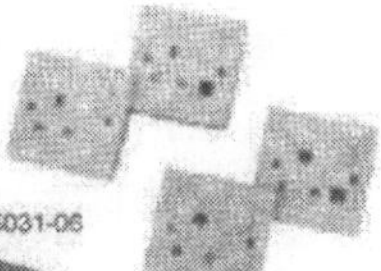

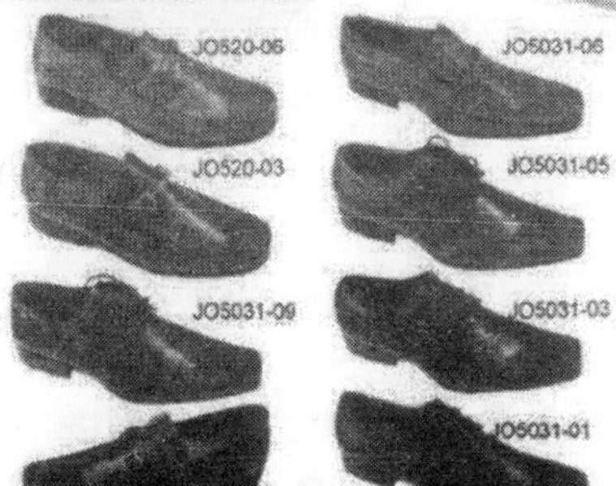
JO520-06
JO5031-06
JO520-03
JO5031-05
JO5031-09
JO5031-03
JO5031-01
JO520-01

इस प्रकार जितनी ऊर्जा व्यय की जाती है, उससे तीन गुनी अंतिम उत्पाद से प्राप्त की जा सकती है। अभी प्रायोगिक स्तर पर प्रत्येक 2 किलोग्राम प्लास्टिक से एक लीटर तेल के समतुल्य ऊर्जा उत्पन्न की जा सकती है। हमारे देश में भी 3 किलोग्राम प्लास्टिक कचरे से एक लीटर डीजल तैयार करने की विधि विकसित हो चुकी हैं।

प्लास्टिक के खतरे

प्लास्टिक जिन एकलकों से बने होते हैं उनकी आविषालुता के अनुसार प्लास्टिक भी विषैले या अविषैले होते हैं। पॉलिस्टाइरीन पीवीसी तथा पॉलिऐक्राइलोनाइट्राइल के एकलक विषाक्त पाये जाते है। अतः संवेष्ठनों में इनका प्रयोग नहीं करना चाहिए। इसके विपरीत पॉलिएथिलीन का एकलक एथिलीन विषैला नहीं होता। अतः इसका प्रयोग किया जा सकता है। हमारे देश में दूध, तेल, मसाले, नमक आदि की पैकिंग में पॉलि एथिलीन का ही प्रयोग किया जाता है। घी, वनस्पति का तेल आदि के लिए मजबूत प्लास्टिक का प्रयोग किया जाता है। रद्दी कागज की बनी थैलियों की तुलना में प्लास्टिक थैलियाँ इसलिए अच्छी होती है कि इनमें सीलन प्रविष्ट नहीं करतीं और गलती भी नहीं है।

प्लास्टिक में प्लास्टिसाइजर के रूप में वाइनिल प्लास्टिकों में डाप (DOP = डाइआवटाइल पैलेट) प्रयुक्त होता है जो कैंसरजन्य बतलाया गया है। इस कारण प्लास्टिकों का प्रयोग विवेकपूर्वक करना चाहिए। प्रायः पीवीसी के पाइपों से होकर पेयजल आता है। ऐसा जल अभी तो निरापद ही माना जाता है। कुछ प्लास्टिकों को आग से खतरा बना रहता है। यद्यपि पॉलिस्टाइरीन सर्वाधिक ज्वलनशील है परंतु शेष में खतरा कम है। जलने पर पॉलिएथिलीन तथा पॉलिप्रोपिलीन प्लास्टिक कार्बनडाइऑक्साइड तथा जल उत्पन्न करते हैं। परंतु पीवीसी के जलने से हाइड्रोजन क्लोराइड विषैली गैस निकलती है। इस कारण प्लास्टिक जलाने से वायु प्रदूषण का खतरा बना रहता है।

संश्लिष्ट रेशे जलने पर सिकुड़ते हैं और शरीर से चिपक जाते हैं। अतः ऐसे रेशों से बने कपड़े पहनकर आग के पास सावधानी से काम करना चाहिए, विशेषतः महिलाओं को बहुत ध्यान देना चाहिए।

प्लास्टिक के कचरे में एक ही प्रकार का प्लास्टिक नहीं रहता है। अतः उसकी छँटाई करनी आवश्यक है। साथ ही यह जानना जरुरी है कि प्लास्टिक किस प्रकार का है।

पॉलिथीन की थैलियाँ तथा प्लास्टिक अवशेष जब इधर–उधर फेंके जाते हैं तो वे अपघटित न होने के कारण उत्तरोतर एकत्रित होते जाते हैं और मृदा वातायन और जल स्रोत के लिए भौतिक अवरोधक के रूप में कार्यकर मृदा उर्वरता, फसलोत्पादन, मृदा वातायन तथा भू–जल स्तर आदि को गंभीर एवं कभी पूरी न होने वाली क्षति पहुँचाते हैं।

पॉलिथीन की थैलियाँ रंगहीन तथा रंगीन दोनों प्रकार की होती है। इन्हें रंगने के लिए विभिन्न रासायनिक रंजकों का प्रयोग किया जाता है। जब रंगीन पॉलिथीन की थैलियों में खाद्य सामग्री रख कर पैक की जाती है तो खाद्य सामग्री इन घातक रंजकों की कुछ मात्रा अपने आप में अवशोषित कर लेती है। इस प्रकार खाद्य सामग्री के साथ–साथ घातक रंग भी उपभोगकर्त्ता के शरीर में पहुंच कर विषाक्तता को बढ़ावा देते है। इस विषाक्तता का शिकार मनुष्य के साथ–साथ पशु भी तब हो जाते हैं, जब वो पॉलिथीन की थैलियों में छूटी हुई खाद्य सामग्री को खाने के लालच में पड़ते है।

वस्तुतः पशु जब पॉलिथीन की थैलियाँ निगल जाते हैं तो जुगाली करने वाले पशुओं की ग्रासनलिका में पॉलिथीन फंस जाती है तो एक गंभीर रुकावट की स्थिति उत्पन्न हो जाती है और ग्रासनलिका का मार्ग अवरूद्ध हो जाता है। इस स्थिति में आमाशय के अंदर का दबाव छह गुना तक बढ़ जाता है और डायाफ्राम व फेफड़ों पर अत्यधिक दबाव पड़ता है जिससे विभिन्न शारीरिक अंगों में ऑक्सीजन की आपूर्ति बहुत कम हो जाती है और तत्काल उचित उपचार न होने की स्थिति में पशु की मृत्यु भी हो जाती है।

भारत में प्लास्टिक उद्योग की वृद्धि दर विश्व के बहुसंख्य देशों से अधिक है। हमारे देश में प्लास्टिक/पॉलिथीन कचरे का पर्यावरण सम्मत निस्तारण, पुर्नचक्रण एवं प्रबंधन असंगठित एवं अप्रभावशाली होने के कारण प्रतिवर्ष हजारों पशुओं की मृत्यु पॉलिथीन की थैलियों को निगलने के कारण होती है। वस्तुतः इस समस्या का समाधान संयमित तथा प्रकृतिमित्र संरक्षण जीवन पद्धति को अपनाकर ही किया जा सकता है। प्लास्टिक के खतरे को चित्र–26 में दर्शाया गया है।

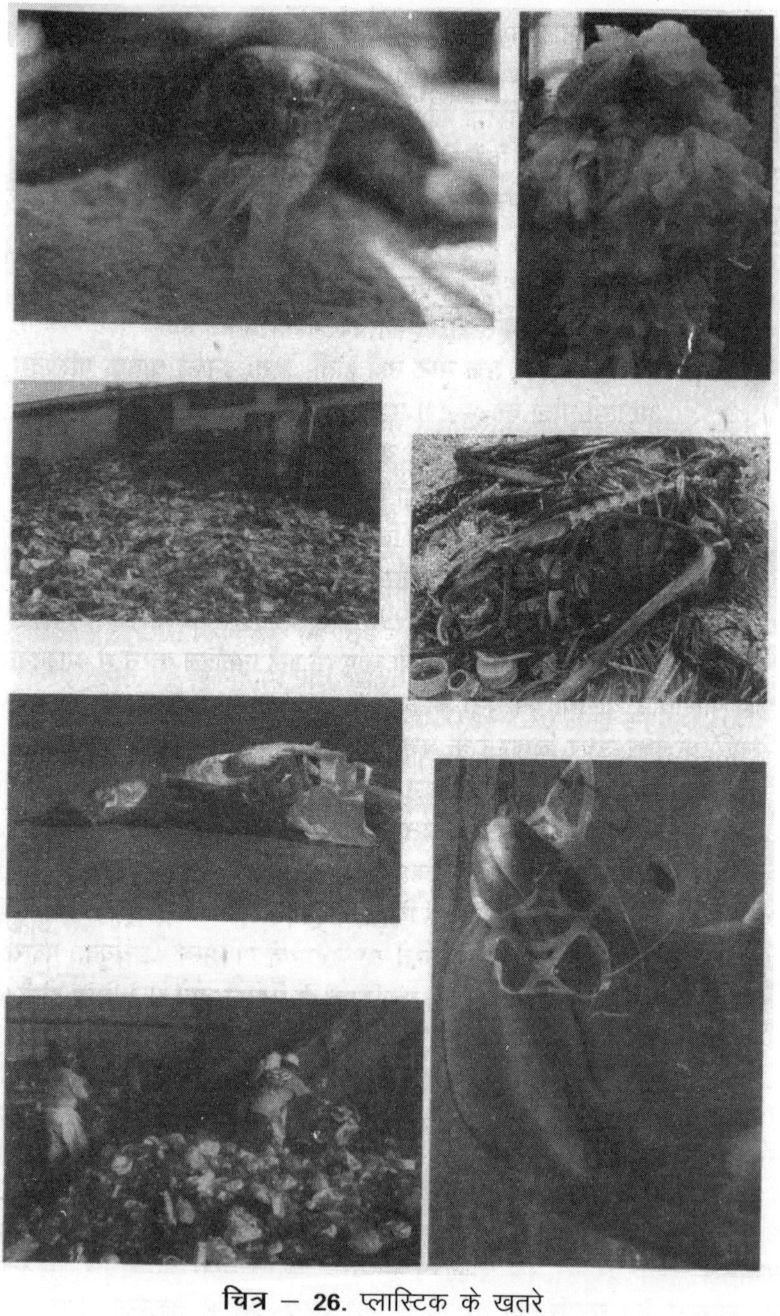

चित्र – **26.** प्लास्टिक के खतरे

5. रंगों की दुनिया में रसायन

रंगों का विज्ञान चौकाने वाली बात बताता है कि विश्व की सारी रंगीनी धोखा है। यह तो मात्र एक अहसास है जो हमारे मस्तिष्क में उत्पन्न होता है। अब प्रश्न होता है कि असल में रंग है क्या? वैज्ञानिक के अनुसार रंग मात्र प्रकाश तरंगों का खेल होता है। इसे कोई भी चीज अंधेरे में नजर नहीं आती है, वह दिखाई भी तभी देती है जब उससे टकराकर प्रकाश वापस हमारी खुली आंखों में उतर जाता है। प्रकाश की तरंगों की विभिन्न लंबाई ही अलग– अलग रंगों का अहसास कराती है। विज्ञान की भाषा में हमारी आंखें चार सौ से सात सौ नैनोमीटर तक की लम्बाई देख सकती हैं। इसी आधार पर रंगों की रंगीनी नजर आती है। चार सौ नैनोमीटर से आगे बढ़ती लंबाई में नीला रंग गहराता जाता है। परंतु पांच सौ नैनोमीटर से आगे बढ़ती तरंगों की लम्बाई हरियाली दिखाती है अर्थात् हमें हरा रंग स्पष्ट होता जाता है और आगे बढ़ने पर पीला, नारंगी और अंत में लालिमा छलकने लगती है और लाल रंग नजर आने लगता है। इसी तरह से हमारी आँखे इंद्रधनुषी रंगों को देखने में सक्षम होती है। स्वयं रसायन विज्ञान की प्रगति में रंगों का महत्वपूर्ण योगदान है।

रंजक एवं वर्णक (Dye & Pigment)

वे पदार्थ जो अन्य वस्तुओं को अपना रंग प्रदान कर सकें, रंजक कहलाते हैं। ये रंगे जाने वाली वस्तुओं में अधिशोषित हो जाते हैं अथवा रासायनिक रूप से संयुक्त हो जाते हैं। बीसवीं सदी के आरंभ तक रंजकों में वर्णकों तथा व्हाइटनरों को सम्मिलित नहीं किया जाता था। परंतु अब इन्हें भी सम्मिलित कर लिया गया है।

वर्णक या पिगमेन्ट जल में घुलते नहीं, जबकि अधिकांश रंजक जल में घुलनशील हैं। इनमें जो मुख्य अंतर है वह उनकी रासायनिक संरचना नहीं अपितु इस्तेमाल करने के तरीकों में हैं।

रंगाई उद्योग भी बहुत पुराना है। हड़प्पा–मोहनजोदड़ो काल के अवशेषों में रंग बिरंगे बर्तन, सीलें आदि मिलती है। प्राकृतिक रंजकों की संख्या बहुत बड़ी है – कुछ अकार्बनिक हैं, यथा – गैटिक, अम्बर, साइना आदि जिनमें लौह तथा मैंगनीज ऑक्साइड मिले रहते थे। कार्बनिक रंजक पेड़–पौधों की पत्तियों, छालों, फूलों या फिर कीड़ों से

प्राप्त किए जाते थे। ये कार्बनिक रंजक सागौन, चीड़ से लेकर अनार और आम तक तथा हल्दी और केसर से लेकर पलाश, मेहंदी, गुलमोहर, काला सिरस तक विस्तीर्ण हैं। ऐसा आकलन किया गया है कि हमारे देश में 500 ऐसे पेड़–पौधे है जिनसे रंजक बनाये जा सकते हैं।

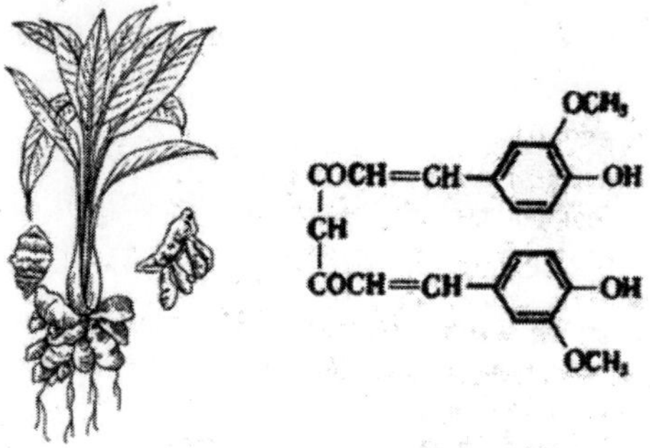

हल्दी का पौधा   हल्दी के रंजक का रासायनिक सूत्र

चित्र – 27. हल्दी का पौधा

वानस्पतिक स्रोतों से प्राप्त रंजकों में हल्दी, केसर, मेहंदी, नील, मजिष्ठा आदि से प्राप्त किये जाने वाले रंजकों का आज भी बहुत महत्व है। प्राकृतिक रंजकों में सबसे अधिक संख्या पीले रंजकों की है। रसायनविज्ञान के अनुसार पीले रंजकों का प्रायशः कच्चापन उनके वर्णजनों (Chromogen) के कारण होता है। ये वर्णजन किसी वस्तु में परमाणुओं की वह सम्पूर्ण व्यवस्था है जो रंग प्रदान करती है। चित्र–27 एवं 28 में हल्दी के पौधे तथा इसके रासायनिक सूत्र तथा पलाश के पुष्पों सहित झाड़ी को क्रमशः दर्शाया गया है।

वस्तुतः हल्दी का रंग करकुमीन नामक रसायन के कारण होता है जो हल्दी में 0.65% पाया जाता है। समस्त प्राकृतिक पीले रंजकों में करकुमीन सर्वाधिक चटकीला रंग प्रदान करता है। हल्दी से कपड़े रंगते समय यदि फिटकरी का उपयोग किया जाय तो पीला रंग बहुत अच्छा खिल उठता है। परंतु कभी आपने देखा कि हल्दी से रँगे कपड़े साबुन लगाने पर तुरंत लाल पड़ जाते है। ऐसा क्यों होता है? वस्तुतः साबुन में क्षार होता है जो पीले रंग को लाल में परिवर्तित कर देते हैं। इस लाल रंग को नींबू के पानी में डालने पर पीला बनाया जा सकता है।

इसी प्रकार मेहंदी की पत्तियों को कुचलने से मुख्यतया नारंगी रंग का पदार्थ प्राप्त होता है। जिसे लासोन कहते है। पूर्व में मेहंदी से रेशमी तथा ऊनी कपड़े भी रंगे जाते थे। परंतु अब स्त्रियाँ हाथों की हथेलियाँ रंगने या बालों का विरंजित करने के लिए मेहंदी का प्रयोग करती हैं। मेंहदी के रंग लाने में लासोन की महती भूमिका है।

प्राकृतिक रंगों में रसायन –

1. **गेंदा (टैजेटस प्रजाति)** – पूरे भारतवर्ष के बगीचों में उगाये जानेवाले सुंदर चमकदार पीले अथवा नारंगी रंग वाले फूलों से युक्त सजावटी पौधा गेंदा या मैरीगोल्ड से भला कौन परिचित नहीं होगा। सर्दी के प्रारंभ होते ही इनमें फूल आने लगते हैं जो वसंत ऋतु तक आते रहते हैं।

गेंदे के फूलों में मुख्य रूप से फ्लेवोनॉल – क्वेरसेटाजिटॉल होता है जो कि क्वेरसेटॉल का ही एक घटक है। इनके साथ पाये जाते हैं – दो ग्लुकोसाइड्स और एक कैरोटिनॉयड, ल्यूटीन। इसके द्वारा रेशम और ऊन को कई प्रकार के गहरे और पके रंगों में रंगा जा सकता है।

2. **टेसू या पलाश (ब्यूटिया मोनोस्पर्मा/फ्रंडोसा)** – मार्च–अप्रैल के महीनों में टेसू या पलाश की टहनियों पर चमकीले लाल रंग के फूलों के गुच्छों को देखकर ही इसे "फ्लेम ऑफ दि फॉरेस्ट" की संज्ञा दी गई है। टेसू के फूलों से निकाले गये पीले, बसंती रंग से हमारे देश में होली खेली जाती है। दूसरे फूलों में ब्यूटीन नामक मुख्य वर्णक (पिगमेंट) पाया जाता है। इसके रंग में टेनिन–युक्त लोंध (सिम्प्लोकोस रेसीमोसा) का अर्क या हरड़ (टरमिनेलिया छिबूला) को मिलाने से यह और भी चटक और पक्का हो जाता है। टेसू या पलाया के फूल को चित्र–28 में दर्शाया गया है।

3. **केशर सैफरॉन् या जाफरान (क्रोकस सैटाइवस)** : इरिडेसीकुल के पौधे केशर के फूलों के स्टिग्मा से प्राप्त किए जाने वाले पानी में घुलनशील पीले मनमोहक रंग को प्राचीन काल से खाद्य पदार्थों, दवाइयों और सुगंधियों में प्रयोग किया जा रहा है। लगभग एक लाख फूलों से 5 किलोग्राम ताजे स्टिग्मा मिलते है जो सूखने पर मात्र एक किलोग्राम रह जाते हैं। अतः निश्चित रूप से केशर बहुत

कीमती रंग है। केशर में क्रोसिन या क्रोकोसाइड नामक प्रमुख वर्णक पाया जाता है जिसके साथ बहुत कम मात्रा में कैरोटिनायड भी होता है।

चित्र–28 टेसू या पलाश के फूल

4. हरसिंगार (निक्टेंथस आर्बोरट्रिस्टिस) : इसके सुन्दर फूलों की कोरोला ट्यूब से चमकीला और सुनहरा पीला रंग निकाला जाता है। हल्दी के बाद दूसरे स्थान पर रखा जाने वाला यह लोकप्रिय रंग प्राचीन समय से 'गुनारी' के नाम से पीला और नारंगी रंगों के निर्माण में प्रयुक्त किया जाता है। हरसिंगार (चित्र–28ए) में क्रोसिन के समान निक्टैन्थिन नामक रंगने वाला पदार्थ पाया जाता है।

चित्र–28ए. हरसिंगार का फूल

5. कुसुम – (सैफ्लावर, कारथेमस टिंक्टोरियस) हमारे देश में इस एकवर्षीय पौधे की खेती तेल उत्पादन हेतु की जाती है। इस पौधे की लगभग 63 प्रजातियाँ मिलती हैं। इनमें से काँटेदार जातियाँ तेल के लिए और बिना काँटेदार जातियाँ रंग निकालने के लिए उपयुक्त होती हैं।

6. सिन्दूरी (अन्नाटो, बिक्सा ओरेलॉना) : बिक्सेसी कुल का यह छोटे आकार का पेड़ कई उष्णकटिबंधीय देशों में पाया जाता है। इसके बीज एक ऐसे रंग के स्रोत हैं, जो पुरातन काल से शरीर, खाद्य

पदार्थों और कपड़ों को भी रंगने में प्रयुक्त किए जाते रहे हैं। सिन्दूरी अथवा अन्नाटो एक बहुप्रचलित खाद्य रंग के रूप में तेल, मक्खन, डेयरी उत्पाद बिस्किट, चॉकलेट आदि में प्रयोग किए जाते हैं। इनके बीजों के गूदे में कैरोटिनाइड समूह के 8 प्रकार के रंग मिलते हैं जिनमें बिक्सिन और नॉर–बिस्किन प्रमुख हैं।

7. नील (इंडिगोफेरा टिंक्टोरिया) : वस्तुतः नीले रंग को रंगों के राजा की संज्ञा प्रदान की गई है। इस रंग के प्रयोग का विश्व के कई देशों में इतिहास रहा है। इसके पौधे इंडिगोफेरा टिंक्टोरिया की पत्तियों में पाया जाने वाला इंडिकान नामक रंगहीन ग्लूकोसाइड ग्लूकोज और इंडोक्सिल का मिश्रण होता है। यह इंडोक्सिल वातावरण की ऑक्सीजन से प्रतिक्रिया करके इन्डिगोटिन नामक अघुलनशील वर्णक बनाता है जिसे इंडिगो ब्लू के नाम से जाना जाता है। इसी नील को सुखाकर चूर्ण के रूप में भी तैयार कर लिया जाता है जिसे बाद में आवश्यकतानुसार पानी में घोल लिया जाता है।

रंगों की दुनिया से जुड़ा हमारे देश में एक और पौधा है मजीठ। इस पौधे से सिंदूरी लाल रंग प्राप्त होता है। मजीठ की जड़ों में पाया जानेवाला रंग रसायनविज्ञानियों के लिए महत्वपूर्ण रंजक है। इसमें परफ्यूरिन और मजीस्टीन रंजक होते हैं। मजीस्टीन नारंगी रंग का रूप है और ग्लाइकोसाइड के रूप में विद्यमान रहता है। फिटकरी मिलाने पर परफ्यूरिन से चटख, सिंदूरी रंग मिलता है, जबकि मजीस्टीन से नारंगी रंग मिलता है।

हानिरहित हर्बल गुलाल

रसायन युक्त रंगों के प्रयोग करने से अनेक प्रकार के त्वचा संबंधी एवं अन्य रोगों से छुटकारा पाने हेतु राष्ट्रीय वनस्पति अनुसंधान संस्थान, लखनऊ के वैज्ञानिकों ने प्राकृतिक रंगों को आधार बनाकर हर्बल गुलाल तैयार किया है। इस हर्बल गुलाल के 50 शेडस (चित्र –29) और 10 सुगंध तैयार की जा चुकी हैं। हर्बल गुलाल स्वास्थ्य पर कोई प्रतिकूल प्रभाव नहीं डालती है तथा यह पर्यावरण हितैषी भी है। टेसू, मजीठ, नील, केसर के अलावा भी हर्बल गुलाल के निर्माण के लिए वैज्ञानिकों ने हल्दी को भी बहुत उपयोगी पाया है। पीले रंग के लिए हल्दी का प्रयोग पर्यावरण हितैषी और स्वास्थ्य के लिए उत्तम है। इसके अलावा चुकंदर, विभिन्न जलीय पौधे, बेर आदि से भी प्राकृतिक

रंजक प्राप्त कर हर्बल गुलाल तैयार की जाती है। एन॰बी॰आर॰आई॰, लखनऊ के वैज्ञानिकों ने हर्बल गुलाल को सुगंधित बनाने के लिए कुछ प्राकृतिक सुगंधों को चुना है उनमें प्रमुख हैं – गुलाब, चमेली, चम्पा, चंदन तथा गेंदा आदि है। अतः आशा की जाती है कि शीघ्र ही हर्बल गुलाल अधिक लोकप्रिय हो जाएगी।

हर्बल गुलाल – प्रयुक्त तकनीकी

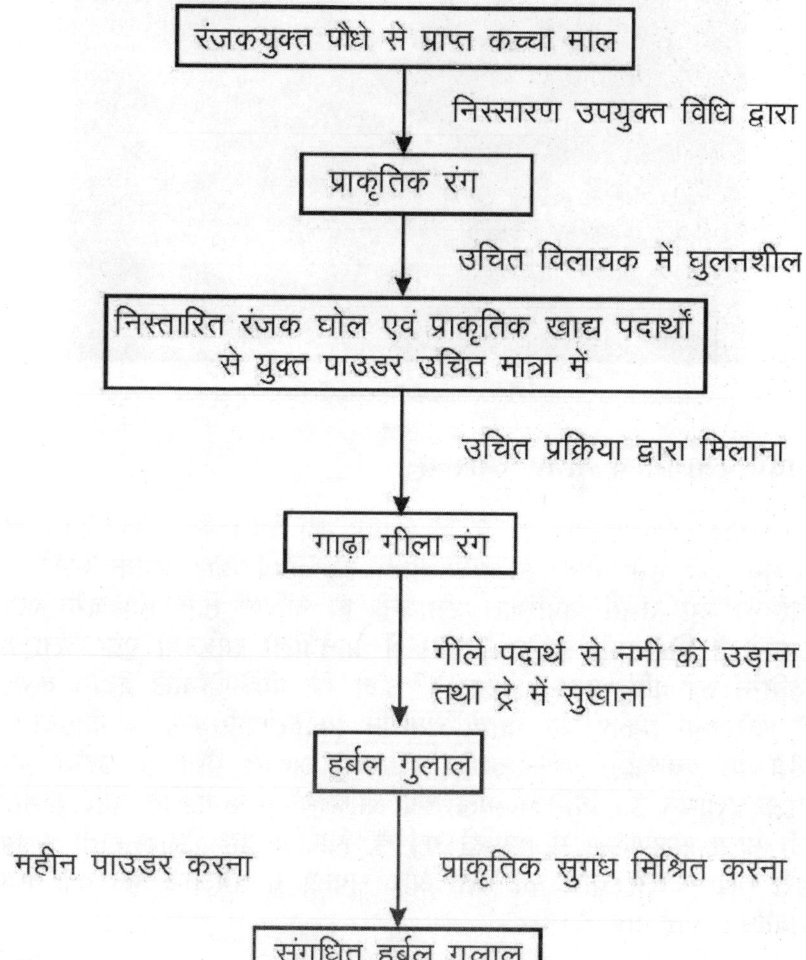

चित्र – 29. हर्बल गुलाल

पादप रसायन व मानव स्वास्थ्य

जैसा कि विदित ही है कि सुबह की चाय से लेकर रात्रि का भोजन तक हमें पौधों से प्राप्त होता है। पौधों और उनके भागों के विभिन्न रंग उनमें उपस्थित रसायनों के कारण होते हैं। क्या आप जानते हैं कि हमारे दैनिक प्रयोग में आनेवाली सब्जियों एवं फलों के विभिन्न रंग कौन प्रदान करता है? इन्हें रंग पॉलिफिनाल प्रदान करता है, जो एक प्रकार का पादप रसायन (फाइटोकेमिकल = फाइटो – पौधे या वनस्पति; केमिकल = रसायन) अर्थात् पौधों से प्राप्त होने वाला रसायन है। विभिन्न फल तथा सब्जियों में उपस्थित पॉलिफिनाल की मात्रा सारणी–2 में दर्शायी गई है, जिससे यह ज्ञात होता है कि हरी तथा काली चाय की पत्ती और सुपारी में पॉलिफिनाल की मात्रा सर्वाधिक पाई गई है।

अनुसंधान द्वारा यह विदित हो चुका है कि पादप रसायन कैंसर कोशिकाओं को नियंत्रित करने में सहायता करते हैं तथा मधुमेह, हृदय

रोग, उच्च रक्तचाप व कैंसर आदि विभिन्न रोगों के निवारण व चिकित्सा हेतु अत्यन्त लाभदायक हो सकते है।

सारणी –2. खाद्य पदार्थों में पॉलिफिनाल की मात्रा

खाद्य पदार्थ	पॉलिफिनाल / 100 ग्राम
चावल	10
बाजरा	590–1060
जौ	1200–1500
सोयाबीन	100–300
मूँगफली	40
सन के बीज	33–107
सुपारी	26,000–33,000
मटर	78–230
सेम	34–280
पत्तागोभी	25
प्याज	100–2025
लीक	20–40
सेब	27–298
काले अंगूर	140–1200
चेरी	60–90
संतरा	50–100
आडू	10–150
टमाटर	85–130
सेब का रस	37–710
संतरे का रस	66–100
चाय की पत्ती (हरी)	20,000–35,000
चाय की पत्ती (काली)	22000–33,000
काली चाय	75–105
कॉफी	130–370

गुणों तथा रासायनिक संरचना के आधार पर पादप रसायनों को निम्नलिखित सात वर्गों में विभाजित किया जा सकता है –

1. **पॉलिफिनाल एवं फ्लैवोनाइड** – फलों के विभिन्न रंग उनमें उपस्थित फ्लैवोनाइड तथा पॉलिफिनान के कारण ही होते हैं, जो प्रचुर मात्रा में सेब, चेरी, प्याज, टमाटर, बैंगन, अंगूर आदि से प्राप्त किए जा सकते हैं। यह ट्यूमर वृद्धि को रोकते हैं तथा रक्त नलिकाओं में रक्त जमाव को प्रतिबंधित करते हैं।

2. **आइसोथायोसाइनेट** : यह पौधों से मिलने वाला रसायन है, जो कैंसरजन के आक्रमण को तीन प्रकार से निष्क्रिय करने की क्षमता रखते हैं, यथा – आइसोथायोसाइनेट कैंसरजन को उत्प्रेरित नहीं होने देते हैं, कैंसर के विषैले प्रभाव का विरोध करते हैं तथा ये कैंसरजन को शरीर से जल्दी से निष्कासित करने में मुख्य भूमिका निभाते हैं। पत्तागोभी, फूलगोभी, शलजम, अंकुरित दालें और ब्रोकली जैसी सब्जियों में आयसोथायोसाइनेट मिलते हैं जो स्तन, प्रोस्ट्रेट व फेफड़ों के कैंसर को रोकने में सहायक होते हैं।

3. **फाइटोएस्ट्रोजन** : इन्हें कार्बनिक नॉन–स्टीराइड अणु श्रेणी में रखा जाता है। तथा ये ऑक्सीकरणरोधी (एंटीऑक्सीडेंट) की भूमिका निभाते हैं। यह पादप रसायन सोयाबीन, अलसी के बीज, साबुत अन्न और कई प्रकार की बेरी से प्राप्त होता है, जो कॉलेस्ट्रॉल की मात्रा संतुलित रखता है, स्तन कैंसर का प्रतिरोधी तथा हड्डी क्षय को रोकता है।

4. **ऑर्गेनोसल्फर** : यह पादप रसायन कैंसरजन को उत्प्रेरित (साइटोक्रोम P_{450}) अथवा निर्जीवविषीकरण (ग्लूटाथाइयोन S –ट्रांसफरेज) करने वाले एंजाइम की क्रियाओं का अधिमिश्रण करता है। प्याज, लीक, लहसुन में पाये जानेवाले ये रसायन प्रतिरक्षा तंत्र को सुदृढ करते हैं और इन्हें कैंसर निरोधक कारक भी कहा जाता है।

5. **सेपोनिनः** मुख्यतः सेपोनिन ग्लाइकोसाइड होते हैं जिनमें विशिष्ट फेनन लक्षण होते हैं। सेपोनिन खाने में कड़वे होते हैं। ये सोयाबीन सेम, जिनसेंग तथा साबुत अन्न में मिलते हैं और प्रतिरक्षा तंत्र को सुदृढ़ बनाकर, जल्दी घाव भरने में सहायता प्रदान करते हैं।

6. **कैपसैनिनः** यह पादप रसायन मुख्यतः शिमला मिर्च एवं हरी मिर्च से प्राप्त होताहै जो कैंसर फैलानेवाले कारकों को नष्ट करता है।

7. स्टीरॉल्स : स्टीरॉल्स एक प्रकार के पादप वसा और ग्लूकोसाइड हैं जो ताजे फल, सब्जियों, बीज, अनाज तथा वनस्पति तेलों में मिलते हैं। ये रासायनिक रुप से पशु वसा कॉलेस्ट्रॉल के समरूप होते है। परंतु जैव फलन में भिन्न होते हैं। अन्वेषण द्वारा विदित हुआ है कि स्टीरॉल्स कॉलेस्ट्रॉल की मात्रा घटाने में, प्रतिरक्षा तंत्र को सुदृढ़ करने में और सूजन घटाने में बहुत लाभप्रद होते हैं।

फल और सब्जियों से हमें कुछ अन्य प्रकार के लाभप्रद तत्व होते हैं। जो ऑक्सीकरणरोधी मुक्त मूलकों को उदासीन करके उनके दुष्प्रभावों से हमारे शरीर को सुरक्षित रखते हैं और मुक्त मूलकों के दुष्प्रभाव से कोशिकाओं की रक्षा करते हैं। फलों और सब्जियों की कुल ऑक्सीकरणरोधी क्षमता उनके फिनालिक व फ्लैविनाइड मात्रा पर निर्भर करती है।

अतः आधुनिकता की दौड़ में आम आदमी, सुगमता से उपलब्ध फल–सब्जियों का उपयोग न करके, अधिक वसा–युक्त फास्ट–फूड और कार्बोनेटेड पेय पदार्थों का अधिक सेवन कर रहा है जिसके कारण समाज में असाध्य एवं घातक रोगों का प्रकोप अत्यधिक बढ़ गया है। अतः यह अनिवार्य है कि हम यह समझे कि पौधों में उपस्थित पादप रसायन हमें स्वस्थ काया और उत्तम स्वास्थ्य बहुत ही कम खर्चे में उपलब्ध करा सकते हैं।

6. सौन्दर्य प्रसाधनों में छुपे रसायन

आजकल हम कई प्रकार के सौन्दर्य प्रसाधनों, यथा – पाउडर, क्रीम, नाखून–पालिश (नेल पॉलिश), विभिन्न प्रकार के साबुन, बालों को रंगने के रोगन एवं केशवर्द्धक तेल, लिपस्टिक, सूरमा तथा बालसफा (हेयर रिमूवर) आदि का प्रयोग करते हैं। वस्तुतः वर्तमान काल में ये सभी चीजें आधुनिक सभ्यता के लिए आवश्यक गिनी जाती है। इनका प्रयोग भी युवक–युवतियों से लेकर वृद्धजन भी करते हैं। इन नित–नये सौन्दर्य के उत्पादों के विज्ञापन भी श्रृव्य–दृश्य माध्यमों के द्वारा आम जनता तक पहुँचते हैं। परंतु आपको ज्ञात होगा कि इन सभी में रसायनों की ही महती भूमिका है। इनमें छिपे रसायनों के बारे में जानकारी निम्नवत् हैं।

आपने अनुभव किया होगा कि प्रायः पसीने के कारण हमारे शरीर में दुर्गंध आती है। इससे निजात पाने हेतु पुरातन काल में लोग इत्र इत्यादि का उपयोग करते थे। परंतु आजकल टेल्कम पाउडर का प्रयोग किया जाता है। प्रायशः टेल्कम पाउडर में सोडियम बाइकार्बोनेट, बोरिक अम्ल तथा खड़िया या टेल्कम मिला रहता है। कई लोग क्रीम का उपयोग अधिक करते हैं।

शेविंग क्रीम में स्टियरिक अम्ल, तेल, ग्रीस तथा पोटैशियम हाइड्रॉक्साइड आदि मिला हुआ होता है। कई गृहणियाँ जिन्हें दिन में बार–बार बर्तन धोने पड़ते हैं तथा कपड़े भी धोने पड़ते हैं, उनके हाथों की त्वचा खुरदरी हो जाती है। अतः हाथों को मुलायम तथा आकर्षक रखने हेतु हैंडलोशन तथा क्रीम तैयार किए गए हैं। इन हैंडलोशनों में ग्लिसरीन–लोशन ज्यादा लोकप्रिय हैं। इनमें ग्लिसरीन तथा गुलाबजल मिले रहते हैं तथा कभी–कभी बोरिक अम्ल भी मिलाया जाता हैं। हाथ के लिए प्रयुक्त की जाने वाली क्रीम में लैनोनिन मुख्य अवयव होता है और यही त्वचा को कोमल रखता है।

महिलाएं अपने सौन्दर्य को निखारने हेतु नाखूनों पर पॉलिश लगाती है जिसे नाखून पॉलिश कहते है। पूर्व में प्रयुक्त पॉलिश में टिन–ऑक्साइड तथा टैल्क मिले रहते थे, परंतु वर्तमान में इन पॉलिश में कई रसायन मिलाए जाते हैं, जैसे – नाइट्रोसेल्युलोज या पाइरोक्सिन, एसीटोन या ऐल्कोहल, एमाइल ऐसीटेट एवं वांछित रंग। नाखून पालिश के रंग को मिटाने हेतु एथिल एसीटेट, ऐसीटोन तथा जैतुन के तेल का प्रयोग किया जाता है। नाखून – विरंजकों का प्रयोग भी इसी उद्देश्य से किया जाता है। प्रायः हाइड्रोजन पराक्सॉइड, ऑक्सेलिक अम्ल तथा सिट्रिक अम्ल को उपयोग में लाया जाता है।

मेहंदी की पत्तियों में एक विशेष प्रकार का रंजक होता है जिसे लासोन कहते हैं। वस्तुतः यह नैफ्थाक्विनोन वर्ग का रसायन है। जब मेहंदी का सम्पर्क त्वचा में विद्यमान प्रोटीनों से होता है तो लाल रंग का यौगिक बनता है जिसका रंग बहुत दिनों तक रहता है (चित्र – 30)।

लिपस्टिक स्त्रियों के द्वारा प्रयुक्त होनेवाली सर्वाधिक लोकप्रिय प्रसाधन सामग्री है। इसमें क्रीम या मोम में वांछित रंग मिले रहते हैं। रंगों के लिए प्रायः मरक्यूरोक्रोम, एनिलीन रंजक, लाक्षाएँ तथा ब्रोमोअम्ल काम में लाए जाते हैं। ज्ञातव्य रहे ब्रोमो अम्ल से होठों पर

खुजली की अधिक संभावना होती है तथा मरक्यूरोक्रोम एक विषैला रसायन है। अतः इनका प्रयोग महिलाओं को नहीं करना चाहिए। केवल लाक्षाएँ हानिरहित होती हैं। अतः महिलाओं को सौन्दर्य प्रसाधनों के प्रयोग के पूर्व रसायनविज्ञान का ज्ञान होना जरूरी है।

चित्र – 30.

सिन्दूर और बिन्दी का प्रयोग भी महिलाएँ अपनी माँग को भरने तथा ललाट पर करती हैं। सदियों से सिंदूर का निर्माण लेड ऑक्साइड द्वारा होता रहा है, जो विषाक्त है। द्रव बिन्दी संश्लिष्ट अलकतरा रंजक है तथा चूर्ण बिन्दी विषाक्त सीसा (अधिकतम सीसा 20 पीपीएम) होती है। इनके प्रयोग से त्वचा पर काले धब्बे पड़ सकते हैं। अतः सिन्दूर, बिन्दी की गुणवत्ता पर नियंत्रण बहुत आवश्यक है। आजकल प्लास्टिक की बनी रंग–बिरंगी बिन्दियों के प्रयोग से विषाक्तता का भय दूर होता जा रहा है।

इसी प्रकार काजल और सूरमा का भी प्रयोग भी सौन्दर्य प्रसाधनों के रूप में किया जा रहा है। वानस्पतिक तेलों को दीपक के रूप में जलाकर शुद्ध काजल तैयार किया जाता रहा है। यह काजल निरापद होता है। परन्तु अब सूरमा की ओर महिलाओं का रूझान अधिक है। वस्तुतः सूरमा यूनानी उत्पाद है जिसमें प्रयुक्त लेड सल्फाइड हानिकारक रसायन है। सीसा हमारे शरीर में प्रवेश करके अनेक विकार उत्पन्न करता है।

मस्करा भी पलकों पर लगाया जाने वाला सूरमा है। इससे आँख की सुन्दरता बढ़ती है। यह किसी मोम या वैसलीन में काला रंग मिलाकर बनाया जाता है। बाजारू सूरमा का प्रयोग सावधानी से करना चाहिए, अन्यथा इससे अंधे होने का भी भय रहता है।

मिलावटी सौंदर्य प्रसाधन और उनका स्वास्थ्य पर कुप्रभाव

सौंदर्य प्रसाधन के हानिकारक प्रभावों से कोई नहीं बचा हुआ है, फर्क सिर्फ इतना है कि कोई ज्यादा प्रभावित है तो कोई कम। कई प्रकार की अज्ञानता के कारण हमारे समाज में एक प्रचलित कहावत है कि महंगा है तो अच्छा ही होगा या ऑर्गेनिक है या हर्बल है, ब्रांडेड है आदि–आदि, और सबसे बड़ी भ्रान्ति ये कि सरकारी दुकान से लिया है या सरकारी कम्पनी द्वारा बनाया हुआ है। किसी सौंदर्य प्रसाधन का कौनसा अवयव हानिकारक है और उसके स्वास्थ्य पर क्या प्रभाव हो सकते हैं या किसी उत्पाद में क्या मिलावट की जा सकती है? यह जानकारी तो आमतौर पर होनी चाहिए।

यदि हम ब्रांडेड मैनिया की ही बात करें तो आप किसी भी सौंदर्य प्रसाधन का उदाहरण ले लें, सभी में किसी न किसी प्रकार का प्रिजर्वेटिव मिलेगा। पैराफिन बेस लगभग सभी प्रकार के सौंदर्य प्रसाधनों में प्रयोग किये जाते हैं। ये शरीर में ऐस्ट्रोजन हॉर्मोन की तरह व्यवहार करते हैं तथा ब्रेस्ट कैंसर का खतरा उत्पन्न करते हैं।

लगभग सभी क्रीमों तथा लोशनों में मिनरल ऑयल तथा इमल्सिफाईंग एजेंट्स अवश्य मिलेंगे वरना तेल और पानी आपस में मिल नहीं पाएंगे। ज्ञात हो कि क्रीम और लोशन तेल और पानी का मिश्रण होते हैं जो किसी इमल्सिफाईंग एजेंट की सहायता से आपस में मिलकर दूधिया रंग का मिश्रण बनाते हैं। यह मिश्रण एक बेस के रूप में काम करता है जिसमें सौंदर्य प्रसाधनों की आवश्यकतानुसार अलग विशिष्ट गुण प्रदान करने के लिए अलग–अलग पदार्थों को डाला जाता है। उदाहरण के लिए यदि झुर्रियां कम करने वाली क्रीम बनानी हो तो एंटीऑक्सिडेंट पदार्थ डाला जायेगा, गोरेपन की क्रीम बनानी हो तो ब्लीचिंग करने वाले पदार्थ डाले जायेंगे। सर्दी, गरमी या बरसात के मौसम के लिए या शरीर के अलग–अलग भागों के लिए पहचानी जाने वाली क्रीमों या लोशनों में ज्यादा कुछ टेक्नोलॉजी का

इस्तेमाल नहीं होता है, बस, यह तेल और पानी के अनुपात का गणित होता है।

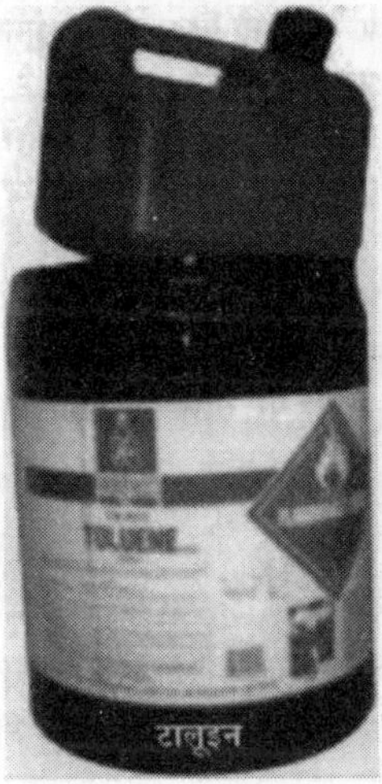

झुर्रियां कम करने वाली क्रीमों में प्रयोग किये जाने वाला कोलेजन, जिसे पशु वसा से प्राप्त किया जाता है, त्वचा को थोड़े समय के लिए चिकनी व नरम तो बनाता है पर लंबे समय में इसके खुद के सिकुड़ने के कारण यह और भी अधिक झुर्रियां पैदा करता है। कोलेजन के बारे में इस बात का ज्ञान होने पर कि ये मरे हुए पशुओं के खुरों, त्वचा तथा मुर्गियों के पंजों से बनाये जाते हैं, अनेक शाकाहारी उपभोक्ता कोलेजन युक्त सौंदर्य प्रसाधनों का प्रयोग करने से हिचकिचा सकते हैं। क्रीमों में इस्तेमाल किये जाने वाले एक अन्य अवयव लैनोलिन में पेस्टीसाइड तथा डाइऑक्सिंन होते हैं जो कैंसरजनक होते हैं। फाउन्डेशन में अधिकतर मिनरल ऑयल होता है जो एक पेट्रोकेमिकल है तथा हमारी हॉर्मोन प्रणाली पर बुरा असर डाल सकता है तथा इसके प्रयोग से कैंसर होने का खतरा बना रहता है। यह कोशिका पुनर्जनन की प्रक्रिया को मंद कर प्रिमैच्योर एजिंग का कारण बनता है। लिपिस्टिक में प्रयुक्त रंग और केमिकल कैंसर के

अलावा कई प्रकार के एलर्जिक रिएक्शन तथा गर्भवती स्त्रियों में स्टिल चाइल्ड बर्थ तथा अपंग बच्चे को जन्म देने का कारण बन सकते हैं। नेल पॉलिश में पाए जाने वाले टालूइन, फिनोल तथा जाइलीन खतरनाक रसायन हैं। जहां फिनोल कैंसरजनक है वही टालूइन से सिर दर्द, चक्कर आना तथा भूख समाप्त हो जाने जैसी समस्याएं उत्पन्न हो जाती हैं। ग्लिसरीन, जिसे हम एक जाने–माने मॉइस्चराइजर के रूप में प्रयोग करते हैं, सर्दियों और गर्मियों में शरीर की नमी को सोख लेती है जिससे शरीर में पानी की कमी पैदा हो जाती है। ग्लिसरीन के अलावा प्रोपलीन ग्लाइकोल भी इसी प्रकार का रसायन है जो त्वचा को नमी प्रदान करने के लिए त्वचा के अंदर की नमी को कम करता है। आंखों के मेकअप के सामान, जैसे काजल, आई लाइनर, मस्करा आदि में लेड होता है जो शरीर की तंत्रिका प्रणाली को क्षतिग्रस्त करता है जिससे स्मरण शक्ति का नाश होता है। लेड कैंसरजनक है तथा प्रजनन (रिप्रोडक्टिव सिस्टम) के लिए घातक है। हेयर डाई का प्रमुख रसायन पी पी डी (पैरा फिनोक्सी डाइ एमीन) त्वचा में एलर्जी उत्पन्न करता है तथा कैंसरजनक होता है। इस्तेमाल के समय झाग उत्पन्न करने वाले नब्बे प्रतिशत उत्पादों, जैसे वाशिंग तथा क्लीनिंग उत्पाद में एनायनिक सर्फेक्टेंट्स का इस्तेमाल किया जाता है जो स्वास्थ्य के लिए गंभीर खतरा उत्पन्न कर कैंसर पैदा कर सकते हैं।

परफ्यूम्स में इस्तेमाल किये जाने वाले अनेक केमिकल्स, जैसे बेंजाइल एल्कोहल, बेंजाइल एल्डीहाइड, आदि सिरदर्द, उल्टी, चक्कर, जी मिचलना, लो ब्लड प्रेशर, सांस लेने में कठिनाई, केंसर, एलर्जी जैसी समस्या उत्पन्न कर सकते हैं। हेयर कंडीशनरों में इस्तेमाल किये जाने वाले केटायनिक सर्फेक्टेंट्स जहरीले तथा एलर्जी उत्पन्न करने वाले होते हैं। हेयर डाई, खुजली दूर करने वाली तथा एंटी डैंड्रफ क्रीम में कोलतार रंगों का इस्तेमाल किया जाता है जो त्वचा में एलर्जी तथा जलन पैदा करते हैं तथा आंखों में पड़ जाने पर उन्हें घायल कर स्थाई रूप से खराब कर सकते हैं। शैम्पू, बबल बाथ, मॉयस्चराइजर, शेविंग क्रीम, स्किन लोशन, बेबी वाश, फेशियल क्लींजर में इस्तेमाल किये जाने वाले मोनो, डाई तथा ट्राई इथाइल एमीन नाइट्रेट प्रिजर्वेटिव के साथ मिलकर कैंसरजनक गुण धारण कर लेते हैं तथा शरीर से कोलीन को समाप्त कर हॉर्मोन असंतुलित करने का काम करते हैं।

डियोडेरेन्ट या गन्धहारक

डियोडेरेन्ट या गन्धहारक या निर्गन्धीकारक वे पदार्थ हैं जो पसीने में बैक्टीरिया का संक्रमण होने पर आने वाली दुर्गन्ध को रोकते हैं। कई डियोडेरेन्ट पसीने को आने से रोकने में भी मदद करते हैं। प्रत्येक व्यक्ति हर समय स्वच्छ व तरोताजा दिखना चाहता है, खासकर जब वह लोगों से भरी हुयी लिफ्ट में जा रहा हो या किसी वातानुकूलित कक्ष में हो रही बैठक में शामिल हो या फिर किसी दावत में निमन्त्रित हो। गर्मियाँ आते ही पसीने से आती हुयी दुर्गन्ध को रोकने के लिए डियोडेरेन्ट का बाजार खूब फलने–फूलने लगता है। किसी के पास से निकलते समय एक भीनी सी सुगन्ध छोड़ते हुये निकलना आजकल युवाओं का शौक है। परन्तु शायद बहुत से लोग इस बात से बिलकुल अनभिज्ञ हैं कि गन्ध को हरने वाले ये डियोडेरेन्ट हमारे शरीर से और भी बहुत कुछ हर लेते हैं, खासकर हमारे स्वास्थ्य को, जो किसी भी अन्य वस्तु से कही ज्यादा महत्वपूर्ण है। लगातार लम्बे समय तक इनका प्रयोग स्वास्थ्य के लिए अत्यन्त खतरनाक साबित होता है।

जिस पसीने का आना बुरा समझा जाता है और जिसको रोकने के लिए गन्धहारकें का प्रयोग किया जाता है, वास्तव में वह पसीना त्वचा के स्वस्थ होने का संकेत है। पसीना आने पर रक्त में ऑक्सीजन की मात्रा बढ़ती है जो रक्त को शुद्ध करने का काम करती है। इसके अलावा पसीना निकल जाने के बाद शरीर शीतलता का अनुभव करता है। पसीने में न तो कोई दुर्गन्ध होती है और न कोई सुगन्ध, परन्तु जब गरम व नम मौसम में इसमें बैक्टीरिया का संक्रमण हो जाता है तब यह दुर्गन्धयुक्त हो जाता है। यदि स्नान करते समय क्षारीय साबुन का प्रयोग किया जाता है तो त्वचा पर उपस्थित अम्लीय सतह (pH 4.5–6) धुल जाती है तथा त्वचा का पीएच बढ़ जाता है। चूँकि बैक्टीरिया इस बढ़े हुए पीएच में ही तेजी से वृद्धि करते हैं अतः जोड़ों में, बगलों में, पैर के तलवे व हथेलियों में इनके संक्रमण की संभावना बढ़ जाती है।

एपोक्राइन ग्रन्थियों से निकलने वाला पसीना तथा त्वचा की मृत कोशिकायें बैक्टीरिया का प्रिय भोजन है और इन पर तेजी से वृद्धि करते हुए ये ''ट्रान्स–3–मेथिल–2–हेक्सीनोइक अम्ल'' का स्राव करते हैं जो शरीर की दुर्गन्ध का मुख्य कारण है। पसीने में प्रोपिओनिक

एसिड भी होता है। यह प्रोपिओनोबैक्टीरिया द्वारा ऐमीनो अम्ल के अपघटन से बनता है। इसकी गन्ध कुछ कुछ सिरके की गन्ध से मिलती जुलती होती है। इसके अलावा यदि स्टैफिलोकोकस एपिडरमिडिस नामक बैक्टीरिया का संक्रमण हो गया है तो ''आइसोवैलरिक अम्ल'' (3–मेथिल ब्यूटेनोइक अम्ल) का बनना प्रारम्भ हो जाता है जो शारीरिक दुर्गन्ध का कारण बन जाता है। कोरिनेबैक्टीरिया एक खास प्रकार का एन्जाइम निकालता है जिसे ''लाइपेज'' कहते हैं। यह एन्जाइम पसीने में उपस्थित लिपिड को ''ब्यूटरिक अम्ल'' के छोटे–छोटे अणुओं में विघटित कर देता है जो शरीर को एक विशेष प्रकार की गन्ध से युक्त कर देता है।

त्वचा शरीर का बाहरी कवच है। इसके द्वारा जो कुछ भी अवशोषित किया जाता है, वह सीधा रक्त में पहुँच जाता है। साधारणतः शरीर में उपस्थित विषाक्त द्रवीय पदार्थ पसीने या गुर्दे के माध्यम से बाहर निकलते हैं। फेफड़े भी हानिकारक पदार्थों को बाहर निकालते हैं। गन्धहारक त्वचा के खुले हुए छिद्रों को बन्द कर देता है। ऐसी अवस्था में विषाक्त पदार्थों को निकालने के लिए गुर्दों को अधिक श्रम करना पड़ता है और उनमें व्यतिक्रम पैदा हो जाता है।

फलस्वरूप गुर्दे सम्बन्धी कई बीमारियाँ पैदा हो जाती हैं। साथ ही हानिकारक पदार्थों को निकालने के लिए फेफड़ों पर भी दबाव बढ़ जाता है तथा त्वचा सम्बन्धी रोग जैसे एलर्जी आदि के होने की संभावना भी बढ़ जाती है। अतः यह अत्यन्त आवश्यक है कि किसी भी तरह से डियोडेरेन्ट का प्रयोग करने के पहले उसमें उपस्थित रासायनिक पदार्थों को अवश्य देख लें अन्यथा जिसे हम स्वस्थ, सुन्दर व तरोताजा दिखने के लिए इस्तेमाल कर रहे हैं, वही हमें स्वास्थ्य सम्बन्धी मुसीबतों में न डाल दे।

डियोडेरेन्ट के रूप

साधारणतया डियोडेरेन्ट द्रव होते हैं, परन्तु कई बार ये क्रीम के रूप में भी आते हैं। डियोडेरेन्ट क्रीम में ऑक्सीक्यूनोलीन सल्फेट होता है जो केन्द्रीय तंत्रिका तंत्र को उद्दीपित तो करता है परन्तु विषाक्त भी होता है। जिंक सल्फोकार्बोनेट एक जाना–माना पेस्टीसाइड है और यह भी डियोडेरेन्ट में मिलाया जाता है। क्लोरल हाइड्रेट मजबूत से मजबूत धातु का संक्षारण कर देता है व इसकी थोड़ी भी अधिक मात्रा बेहोश करने के लिए काफी होता है। इस पदार्थ का उपयोग डियोडेरेन्ट में खूब किया जाता है। इनके अलावा डियोडेरेन्ट में निम्नलिखित रासायनिक पदार्थ पाये जाते हैं –

ऐलुमिनियम

अधिकांश डियोडेरेन्ट में ऐलुमिनियम के यौगिक होते हैं जैसे – ऐलुमिनियम क्लोरोहाइड्रेट, ऐलुमिनियम क्लोराइड, ऐलुमिनियम जिरकोनियम ट्राई क्लोरो हाइड्रेक्स ग्लाई, ऐलुमिनियम जिरकोनियम टेट्राक्लोरो, हाइड्रेक्स ग्लाई इत्यादि। इन यौगिकों का ऐलुमिनियम त्वचा द्वारा अवशोषित होकर सीधे रक्त वाहिनियों में पहुँच जाता है जो अल्जाइमर व डिमेनशिया (पागलपन) जैसे रोग पैदा करने के लिए उत्तरदायी है। शोध परिणाम बताते हैं कि एल्जाइमर के रोगियों के दिमागी कोशिकाओं में ऐलुमिनियम की मात्रा अधिकता से पायी गयी।

इसके अलावा ऐलुमिनियम हमारी स्वेदग्रन्थियों द्वारा निकली हुयी नलिकाओं का मुँह बन्द कर देता है जिसके कारण बगलों के पास सिस्ट होने की संभावना बहुत बढ़ जाती है। यह भी देखा गया है कि बाँहों के नीचे पैदा हुए सिस्टों में ऐलुमिनियम की मात्रा साधारण मात्रा

से 25 गुना ज्यादा होती है। कुछ अनुसन्धानों द्वारा यह भी सिद्ध किया गया है कि ऐलुमिनियम यौगिक छाती की कोशिकाओं के एस्ट्रोजन रिसेप्टर में परिवर्तन कर देते है जिसके फलस्वरूप कैन्सर का खतरा पैदा हो जाता है।

पैराबेन

कॉस्मेटिक को संरक्षित करने के लिए पैराबेन नामक कृत्रिम संरक्षकों का प्रयोग किया जाता है। पेट्रोकेमिकल से प्राप्त टालुइन से मेथिल, एथिल, प्रोपिल, ब्यूटिल और फेनिल पैराबेन बनाये जाते हैं। पैराबेन व एस्ट्रोजन की संरचना एकसमान होने के कारण ये एस्ट्रोजन को मिमिक (अनुहरण) करते हैं तथा एस्ट्रोजन की ही भाँति छाती का कैन्सर पैदा करने में अहम भूमिका निभाते हैं।

टैल्क

रासायनिक रूप से टैल्क हाइड्रस मैगनीशियम सिलिकेट होता है। यह अधिकतर अवशोषक का काम करता है। साथ ही रंग भी प्रदान करता है। कैन्सर पर शोध करने वाली अन्तर्राष्ट्रीय एजेन्सी के अनुसार यह कैन्सरकारी पदार्थ है, विशेषतयाः जब इसमे ऐस्बेस्टस जैसे रेशे होते हैं।

प्रोपिलीन ग्लाइकॉल

इस रसायन का मुख्य काम डियोडेरेन्ट को सूखने से बचाना है। नेशनल इन्स्टीट्यूट फॉर ओक्यूपेशनल हेल्थ ने प्रोपिलीन ग्लाइकॉल को न्यूरोटॉक्सिन की श्रेणी में रखा गया है जो गुर्दे व यकृत को नुकसान पहुँचाता है। यही नहीं, यह आँख व त्वचा में खुजली पैदा करता है तथा सिरदर्द, उल्टी व केन्द्रीय तंत्रिका तंत्र में गड़बड़ी फैलाता है।

ट्राइक्लोसन

शरीर की दुर्गन्ध का मुख्य कारण बैक्टीरिया होते हैं, अतः डियोडेरेन्ट में ट्राइक्लोसन डाला जाता है क्योंकि इसमें जीवाणुओं को मारने का गुण होता है परन्तु परेशानी की बात यह है कि हानिकारक

जीवाणुओं के साथ–साथ यह लाभदाक जीवाणुओं को भी मार डालता है। फूड एण्ड ड्रग एडमिनिस्ट्रेशन (एफ.डी.ए.) ने ट्राइक्लोसन को पेस्टीसाइड की श्रेणी में रखा है। इसके अलावा ट्राइक्लोसन युक्त डियोडेरेन्ट के प्रयोग से एन्टीबायोटिक्स दवाइयों के प्रति प्रतिरोधात्मक क्षमता पैदा हो जाती है जिससे इस तरह की दवाइयों का असर कम हो जाता है।

ट्राइइथेनॉल एमीन एवं डाइइथेनॉल एमीन

ये दोनों रासायनिक पदार्थ डियोडेरेन्ट के pH को संतुलित करने के लिए प्रयोग किये जाते हैं। यदि त्वचा लम्बे समय तक इन दोनों पदार्थों को अवशोषित करती रही तो यकृत व गुर्दे खतरे में पड़ सकते हैं। यूरोप में ये दोनो ही पदार्थ प्रतिबन्धित हैं।

सावधानियाँ

अब प्रश्न यह उठता है कि ऐसे विषाक्त रसायनों से युक्त डियोडेरेन्ट का प्रयोग कहाँ तक उचित है? डियोडेरेन्ट के प्रयोग के बजाय पसीने की दुर्गन्ध रोकने के लिए कुछ अन्य उपाय किये जा सकते हैं। जैसे –

1. भलीभाँति नियमित स्नान करना चाहिए।
2. अधिक गर्मी में दिन में दो बार स्नान करना चाहिए।
3. धुले हुये साफ–सुथरे कपड़े पहनने चाहिए।
4. गोपी चन्दन का प्रयोग किया जा सकता है।
5. हल्दी व मलाई युक्त उबटन का उपयोग करें।
6. नहाने के लिए मुल्तानी मिट्टी का प्रयोग किया जा सकता है।
7. कपड़ों को सुगन्धयुक्त करने के लिये अलमारी या सन्दूक में गुलाब के फूल की सूखी पत्तियों को रखें।
8. भीनी–भीनी खुश्बू के लिए गुलाबजल का प्रयोग करें।
9. स्नान करते समय तौलिये से त्वचा को हलके से रगड़कर साफ करें। इससे त्वचा पर उपस्थित मृत कोशिकायें निकल जाती हैं व बैक्टीरिया का संक्रमण नहीं होने पाता।

10. अधिक पीएच वाले साबुन का उपयोग कम करें।

11. पौधों से तैयार किए गए सुगंधित इत्र का प्रयोग करें।

साबुन – हम प्रतिदिन विभिन्न कार्यों में अलग–अलग तरीकों से भिन्न–भिन्न प्रकार के साबुन का प्रयोग करते हैं (चित्र–31)।

चित्र – 31.

वस्तुतः साबुन, वसाम्ल (स्टियरिक अम्ल) का सोडियम लवण है। वसा अम्ल में हाइड्रोकार्बन की लंबी श्रृंखला होती है जिसके एक सिरे पर अम्लीय समूह (COOH) होता है। स्टियरिक अम्ल की सोडियम हाइड्रॉक्साइड के साथ प्रतिक्रिया के फलस्वरूप साबुन प्राप्त किया जाता है।

सोडियम हाइड्रॉक्साइड + वसा = साबुन + ग्लिसरीन

साबुन का रासायनिक नाम सोडियम स्टिएट्रेट ($C_{17}H_{35}COONa$) है (चित्र–32)।

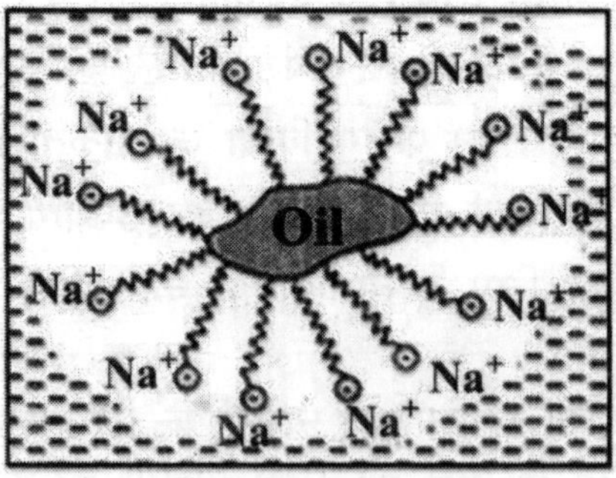

चित्र–32

वस्तुतः साबुन कपड़े का मैल तो काटता ही है परंतु शरीर के मैल को भी हटाता है। अतएव स्नान करते समय तरह–तरह के साबुन प्रयोग में लिए जाते हैं। रासायनिक दृष्टि से कोई भी साबुन वसा तथा क्षार की अभिक्रिया से प्राप्त उत्पाद होता है (चित्र – 33)। जैतुन का

तेल, ताड़ का तेल, बिनौले का तेल, पशु–चर्बी, नारियल का तेल, अरंडी का तेल आदि वसाएँ हैं जिनका प्रयोग साबुन में किया जाता है। यदि मुलायम साबुन प्राप्त करना हो तो पोटैशियम हाइड्रॉक्साइड क्षार प्रयुक्त किया जाता है, जबकि सोडियम हाइड्रॉक्साइड के प्रयोग से कठोर साबुन बनता है।

चित्र–33

नहाने के उत्तम साबुन (टॉयलेट सोप) में वसा तथा क्षार की उपयुक्त मात्राएँ मिली होनी चाहिए। यदि क्षार की मात्रा तनिक भी अधिक रहती है तो चमड़ी में खुजलाहट हो सकती है तथा घाव भी बनने की संभावना बनी रहती है। यदि साबुन बनाते समय ग्लिसरीन मिलाई जाती है तो वह पारदर्शक बन जाता है तथा यदि उसमें वायु प्रविष्ट करा दी जाय तो वह तैरने वाला साबुन कहलाता है।

साबुन में धूल के कण हटाने के अतिरिक्त निर्जर्मीकारक गुण भी होते है, इसलिए भोजन करने के पूर्व मुलायम साबुन से हाथ धोने चाहिए। इसी प्रकार शौच जाने के पश्चात् भी साबुन से हाथ अवश्य धोने चाहिए।

अपमार्जक या डिटर्जेन्ट : प्रायः अनेक नामों से बिकने वाले उत्पाद, जैसे – सर्फ, ईजी, डेट, एरियल, टीपॉल आदि अपमार्जक अर्थात् डिटर्जेन्ट हैं। इनमें गंदगी हटाने की विपुल क्षमता होती है। अपमार्जक या डिटर्जेन्ट दो प्रकार के होते हैं – सल्फेट तथा सल्फोनेट। ये हैं – सोडियम ऐल्काइल सल्फेट, ऐमाइड सल्फेट, सोडियम सेकंडरी ऐल्काइल सल्फेट (टीपाल), सोडियम आइसो प्रोपिल नैफ्थलीन सल्फोनेट, ऐल्काइल सल्फोनेट आदि। इनका प्रयोग ऊनी कपड़ों को धोने, रंग उद्योग, चर्म उद्योग, वाशिंग पाउडर आदि में

किया जाता है। साबुन की धुलाई क्षमता बढ़ाने के लिए उसमें डिटर्जेन्ट मिलाए जाते हैं। डिटर्जेन्ट में भी दो सिरों वाले अणु होते हैं, यथा – जल रागी एवं जल विरोधी। यह देखा गया है कि डिटर्जेन्ट साबुन की अपेक्षा अधिक कारगर होते हैं। (चित्र 34)।

चित्र – 34.

शैम्पू : केशों की सुरक्षा के लिए तथा उन्हें आकर्षक बनाने के लिए शैम्पू, टॉनिक, रंजक तथा तेल आदि बाजार में मिलते हैं। शैम्पू का प्रयोग बालों को ठीक से साफ करके उन्हें मुलायम एवं चमकीला बनाने के लिए किया जाता है। वस्तुतः यह शैम्पू साबुन ही होता है जिसमें ऐल्कोहल मिला रहता है। आजकल 'साबुनहीन साबुन' भी उपलब्ध है। इसमें तेलों को पहले गंधक के अम्ल से अभिकृत करके जलविलेय बना लिया जाता है। कभी–कभी मिट्टी का तेल भी मिलाया जाता है। ऐसे शेम्पू में झाग नहीं बनते हैं।

आजकल टॉनिकों का प्रयोग भी गंजेपन को दूर करने के लिए किया जाता है। अधिकांश टॉनिकों में कोई न कोई निर्जर्मीकारक मिला रहता है यथा– रिसार्सिनॉल, आर्सेनिक के यौगिक, सैलिसिलिक, अम्ल आदि। इसके साथ ही ऐल्कोहल, सुगंधि तथा तेल भी मिले रहते हैं।

बालों को रंगने के लिए खिजाबों का प्रयोग पुरातनकाल से होता रहा है। वस्तुतः इनका प्रयोग दो उद्देश्यों से किया जाता है – अधिक उम्र में भी नौजवान दिखाई देने तथा अपने रूप को आकर्षक बनाने के

लिए। जिन लोगों के युवावस्था में ही बाल सफेद होने लगते हैं, वे उन्हें काला बनाने के लिए अनेक विरंजक पदार्थों एवं रंजकों का व्यवहार करते हैं। विरंजक पदार्थों में सर्वाधिक प्रयुक्त होने वाले हैं – हाइड्रोजन परॉक्साइड तथा अमोनिया का मिश्रण। प्रथम बार प्रयोग करने पर तो इसका अच्छा प्रभाव होता है, परंतु बार–बार लगाते रहने से अन्ततः बाल कड़े तथा भंगुर हो जाते हैं और उनमें विचित्र पीलापन भी आ जाता है। विरंजक क्रिया उनसे उत्सर्जित नवजात ऑक्सीजन के कारण होती है जो बालों का रंग परिवर्तित कर देती है।

बालों में कई प्रकार के रंजकों का व्यवहार किया जा सकता है यथा – वानस्पतिक रंजक, धात्विक रंजक तथा ऐनिलीन रंजक। मेहंदी वानस्पतिक रंजक है, परन्तु यह मंद गति से प्रभाव डालती है। धात्विक रंजक आर्सेनिक पारद या तांबे के यौगिक होते हैं जो अत्यन्त घातक होते हैं। ऐनिलीन रंजक कोलतार से प्राप्त होनेवाले विषैले पदार्थ होते हैं। अच्छा यही होगा कि आप इन रंजकों का प्रयोग नहीं करें वरना आप कई रोगों के शिकार बन सकते हैं। आजकल बालसफा या हेयर रिमूवर का भी बहुत प्रचलन है। प्रायः पाउडर या क्रीम के रूप में दुर्गन्धयुक्त ये पदार्थ बाल साफ तो कर देंगे किन्तु गुप्तांगों की मुलायम त्वचा को हानि भी पहुँचा सकते हैं। ये बेरियम सल्फाइड, कैल्सियम सल्फाइड या स्ट्रॉशियम सल्फाइड से युक्त पाउडर या क्रीम होते हैं। अतः बड़े ही विवेकपूर्ण तरीके से इन सौन्दर्य प्रसाधनों के उत्पादों का उपयोग करना चाहिए।

7. सुगंधित रसायन

स्वाद तथा गंध हमारी पाँच ज्ञानेन्द्रियों के अंग है। यद्यपि स्वाद तो मुख्यतः दो प्रकार के ही प्रचलित हैं, यथा – लवणीय या मीठा। परंतु गंध की विविधता असीमित है। मोटेतौर पर इन ज्ञानेन्द्रियों को उत्तेजना प्रदान करने वाले अणुओं को सुवास एवं सुरभि कहते हैं। तकनीकी दृष्टि से सुरभि रसायन, वे रसायन होते हैं जो सुहावना ऐरोमा (सौरभ) प्रदान करते हैं जिनका दैनिक जीवन में कई उत्पादों के रूप में, यथा – साबुन, टूथपेस्ट, टैल्कम पाउडर, शैम्पू, अगरबत्तियाँ, दुर्गंधनाशक, परफ्यूम क्रीम, अपमार्जक एवं अन्य घरेलू उत्पादों के रूप में बहुतायत से प्रयोग होता है। वर्ष 2011 तक वैश्विक स्तर पर सुरभि रसायनों (परफ्यूम सहित) का व्यापार 28 अरब अमेरिकन डॉलर था

तथा इसके वर्ष 2015 तक 33 अरब पहुंचने की प्रबल संभावनाएं हैं अधिकांशतः इन रसायनों के स्रोत पादप आधारित होते हैं। इन पौधों की जड़ों, बीजों, छाल, पत्तियों तथा फूलों आदि से रसायन निष्कर्षित किए जाते हैं तथा उन्हें वैसे ही प्रयोग किया जाता है तथा कभी–कभी उनकी मांग अनुसार दूसरे पदार्थों के रूप में (जिनका ऐरोमा भिन्न होता है) संश्लेषित भी किया जाता है।

यह प्रेक्षित किया गया है कि उद्योगों में कई प्रकार के रसायन प्रक्रम किए जाते हैं जिनमें उच्च तापमान, दाब, संक्षारक क्षार एवं अम्लों का प्रयोग कर ऐसे अपशिष्ट विसर्जित किए जाते हैं जो पर्यावरण पर दुष्प्रभाव डालते हैं।

सीएसआईआर – केन्द्रीय नमक एवं समुद्री रसायन अनुसंधान संस्थान, भावनगर विगत एक दशक से सुरभि रसायनों के क्षेत्र में अनुसंधान कर रहा है तथा संस्थान के वैज्ञानिकों ने सुरभि रसायनों के उत्पादन में कई प्रक्रम विकसित किए हैं जो पर्यावरण स्नेही है। इस संदर्भ में संस्थान द्वारा विकसित कुछ रसायनों के बारे में जानकारी निम्नवत् हैं।

1. आइसो–युजिनॉल :– यह एक सुगंधयुक्त रसायन है जिसकी तीव्र सुगंध लौंग के जैसी होती हैं जिसका प्रयोग साबुन, परफ्यूम एवं सौन्दर्य प्रसाधन उद्योगों में वैनिलीन, जो कि सुगंधित रसायन हैं, के उत्पादन में किया जाता है। इस रसायन का उत्पादन यूजिनॉल से, जो लौंग, तेजपत्ता तथा जायफल में होता है, किया जाता है। आइसो युजिनॉल एक गाढ़ा पीला लौंग की सुगंध वाला द्रव होता है (चित्र–35)।

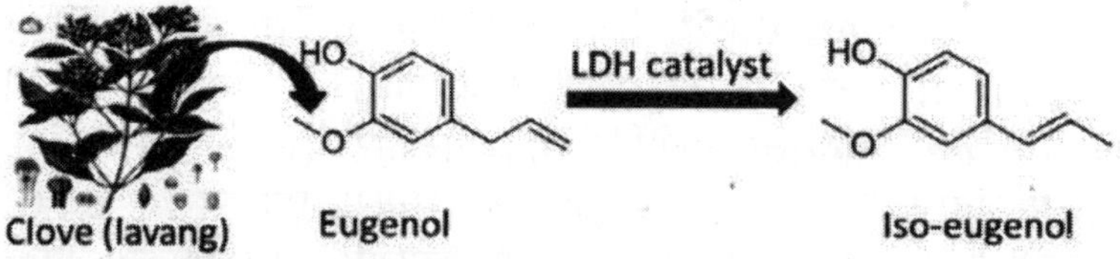

चित्र–35 आइसो–युजिनॉल

इस रसायन के उत्पादन में सीएसएमसीआरआई के वैज्ञानिकों ने पर्यावरण स्नेही ठोस क्षार उत्प्रेरक, एल डी एच (Layered double hydroxides), हाइड्रोटेल्साइट को प्रथम बार शोध कर विकसित किया है तथा इसका सफलता से परीक्षण किया जा चुका है।

2. फेनिल इथेनॉल : यह प्रेक्षित किया गया है कि 2–फेनिल एथिल ऐल्कोहॉल (पीईए) गुलाब के तेल का मुख्य संघटक होता है तथा इस रसायन का ऐरोमा, साबुन, खाद्य योज्य एवं भेषजीय उद्योगों में बहुतायत से प्रयोग किया जाता है। इस रसायन का औद्योगिक दृष्टि से उत्पादन स्टाइरीन ऑक्साइड के पैलेडियम/कार्बन उत्प्रेरित हाइड्रोजनीकरण से होता है, जो कि ज्वलनशील भी है। अतः केन्द्रीय नमक एवं समुद्री रसायन अनुसंधान संस्थान, भावनगर के वैज्ञानिकों ने एक नवीन हाइड्रोजनीकरण उत्प्रेरक विकसित कर इस रसायन के उत्पादन को सुगम बना दिया है (चित्र–36)।

फेनिल इथेनॉल

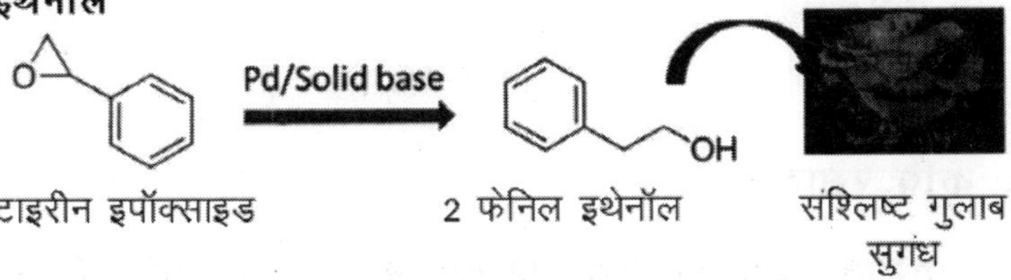

चित्र–36

3. आइसो–लॉगीफोलिन – लॉगीफोलिन जो स्वदेशी तारपीन तेल का मुख्य घटक होता है, का प्रयोग कच्चे पदार्थ के रूप में अनेक सुगंधित रसायन जो क्रीम, टैल्कम पाउडर, त्वचा लोशन, साबुन एवं अपमार्जक के उत्पादन में काम आते हैं; किया जाता है। प्रायशः इस रसायन के निर्माण की प्रक्रिया बड़ी जटिल एवं समय लगने वाली थी। परंतु इस संस्थान द्वारा एक सरल एवं एकल चरण का प्रक्रम विकसित कर इस महत्वपूर्ण रसायन का उत्पादन सुगम बना दिया गया है (चित्र–37)।

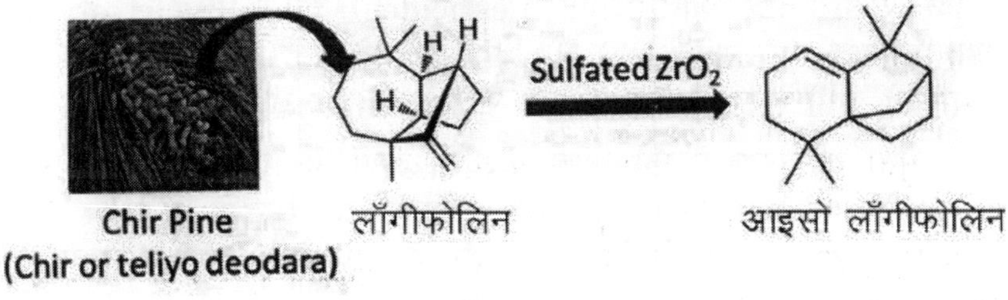

चित्र–37

4. आइसो–सैफरॉल तथा एनिथॉल – चीनी से तेरह गुना अधिक मीठे रसायन जिनका कि अनेक सुगंधित उत्पादों एवं भेषजीय

उद्योगों में बहुतायत से प्रयोग किया जाता है, के उत्पादन का सरल, सुगम एवं कम लागत का प्रक्रम सीएसएमसीआरआई, भावनगर द्वारा विकसित किया गया है (चित्र–38)।

Iso-safrole

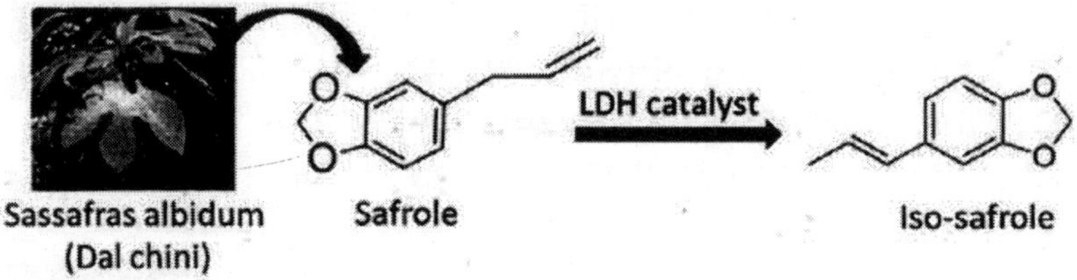

चित्र–38.

8. कृषि रसायन

वस्तुतः कृषि एक ऐसा व्यवसाय है जिस पर हम सभी का जीवन निर्भर करता है। भारत में कृषि और बागवानी का इतिहास बहुत पुराना है। कृषि एवं बागवानी के क्षेत्र में रसायनविज्ञान ने अभूतपूर्व प्रगति की है। पौधों की वृद्धि स्वयं एक रासायनिक प्रक्रम है। इसमें मिट्टी के अवयव एवं वायु के अवयव भाग लेते हैं। जिन अवयवों की मिट्टी या मृदा में न्यूनता होती है, उनकी पूर्ति उर्वरकों द्वारा की जाती है जिससे पौधे उग सके। यही कारण है कि चाहे खेती हो या बागवानी दोनों ही में उर्वरकों का अत्यधिक महत्व एवं उपयोग है। जहाँ पौधे उगते रहते हैं, वहाँ नाना प्रकार के कीट एवं अन्य व्याधियों का आक्रमण भी हो सकता है। रसायन विज्ञान ने इन आक्रमणों से बचाव के लिए भी अनेक रासायनिक कीटनाशक (Pesticides) खोज निकाले हैं, कई फफूंदीनाशक (Fungicides) भी विकसित किए हैं जिसके कारण अब पौधों को सभी तरह से बचाया जा सकता है।

मृदा की उर्वरता की जाँच करवाने तथा अनावश्यक उर्वरक खर्च से बचने हेतु रसायनज्ञों ने मृदा परीक्षण या मिट्टी परीक्षण विधि विकसित की है जिसके द्वारा मिट्टी में उपस्थित पोषक तत्वों की मात्रा संबंधी जानकारी प्राप्त हो सकती है।

इसी प्रकार मिट्टी विहिन या मृदा रहित कृषि जिसे Hydrophonics या जलकृषि कहते है, वैज्ञानिकों ने ढूंढ निकाली है जिसके

द्वारा मिट्टी के बिना ही पौधे को उगाया जा सकता है। जिन देशों में सीमित कृष्य भूमि है वहाँ पर हाइड्रोपॉनिक्स द्वारा उपज बढाई जा सकती है। रसायनविदों के ही अथक प्रयासों से कृषि में रासायनिक उर्वरकों को प्राथमिकता प्राप्त हुई है और विश्व में उर्वरकों के स्रोतों की खोजें भी हुई हैं। रसायनशास्त्रियों ने ही सूक्ष्म मात्रिक तत्वों की महत्ता को कृषि–पद्धति में स्वीकृति दिलाई। उन्होंने ही फार्म पर पैदा होने वाली कृषि सामग्रियों के उचित उपयोग के लिए "फार्म केमर्जी" या "फार्म विज्ञान" की नींव डाली।

कृषि रसायन ने आवश्यक तत्वों की खोज के ही सिलसिले में उर्वरक–उद्योग के मार्ग को प्रशस्त किया है। आज प्रायशः सभी राष्ट्रों के पास संश्लिष्ट नाइट्रोजन निर्मित करने के बड़े–बड़े कारखाने हैं। कृषि रसायनों की सहायता से हानिकारक खरपतवारों का भी विनाश किया जा रहा है। कृषि में रसायन विज्ञान के उपयोग को चित्र–39 में दर्शाया गया है।

चित्र–39. कृषि में रासायनिक उत्पाद

कृषि रसायनों के द्वारा मृदा संरक्षण एवं ऊसर भूमि सुधार का उत्कृष्ट कार्य किया जाता है। ऊसरों के उर्वरीकरण में जिप्सम, गंधक तथा अन्य प्रकार के रासायनिक पदार्थों का प्रयोग होता है। भूमि संरक्षण में ह्यूमस की वृद्धि के लिए नये तरीके ढूंढे जा चुके हैं। मरुस्थलीय एवं रेतीली मृदाओं के सुधार तथा ऊसरों के लिए भी बहुसंश्लिष्ट प्रभावक (सिंथेटिक पॉली इलेक्ट्रोलाइट या सॉइल कण्डीशनरों) की नवीन खोज की गई है। भूमि के कणों को परस्पर बद्ध रखने वाले और अनेक पदार्थ खोजे गये हैं।

कृषि से प्राप्त विभिन्न पदार्थ विशेषतया सेल्युलोज, तेल अथवा स्टार्च का वृहद् मात्रा में निर्माण एवं उद्योगों में उनकी प्रयुक्ति के लिए फार्म केमर्जी (Farm Chemurgy) अथवा फार्म रसायन का विकास किया गया है।

यूरिया : वस्तुतः यूरिया वह पदार्थ है जो साधारणतया मूत्र में पाया जाता है तथा यह पहला कार्बनिक पदार्थ है जिसका संश्लेषण अकार्बनिक लवणों से हुआ। वर्ष 1828 में जर्मन रसायनज्ञ फ्रीड्रिच व्होलेर ने सिल्वर आइसोसायनेट की अमोनियम क्लोराइड से क्रिया करवाकर यूरिया को प्राप्त किया। इस प्रतिक्रिया ने कार्बनिक रसायन के विकास के क्षेत्र में नयी आधारशिला रखी।

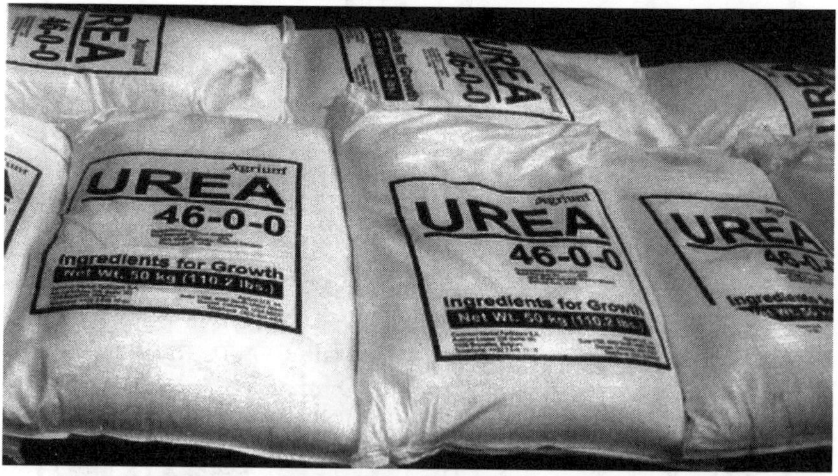

चित्र – 40. यूरिया

यूरिया (चित्र–40) को कार्बेमाइड के नाम से भी पुकारा जाता है तथा इसका उपयोग नाइट्रोजन आपूर्ति हेतु रासायनिक उर्वरक के रूप

में बहुतायत से किया जाता है। विश्व के सभी ठोस नाइट्रोजनीय उर्वरकों में यूरिया में सर्वाधिक नाइट्रोजन (46 प्रतिशत) विद्यमान होती है। यह रसायन उद्योग का भी महत्वपूर्ण कच्चा पदार्थ है। यूरिया का उपयोग पेंट, ग्लास, प्लास्टिक, वस्त्र उद्योग तथा खरपतवारनाशी रसायनों के निर्माण में भी किया जाता है।

मानव द्वारा औसतन 30 ग्राम यूरिया का उत्सर्जन प्रतिदिन मूत्र के रूप में किया जाता है तथा इसकी अल्प मात्रा पसीने के रूप में भी शरीर से बाहर निकलती है। हमारे देश में प्रतिवर्ष लगभग 22 लाख टन यूरिया का उत्पादन किया जाता है। इसका उपयोग केश रंजक उत्पादों में, कीटनाशक, कवकनाशक, प्लास्टिक, अपमार्जक, तथा गोंद व सरेस उद्योग में भी किया जाता है।

औषधि के रूप में इसका उपयोग मूत्रल, आराम पहुँचाने वाली औषधियों तथा चर्मरोग से संबंधित उत्पादों के निर्माण में किया जाता है।

सामुद्रिक बिटर्न से पोटाश उर्वरक

भोजन एवं चारा की वृद्धि के लिए पृथ्वी माध्यम तथा प्राकृतिक स्रोत है जो सभी जीवधारियों के लिए अनिवार्य है। परन्तु निरंतर फसल लेते रहने से मृदा से पोषक तत्वों का ह्रास होता रहता है। अतः इसकी आपूर्ति रासायनिक उर्वरक देकर की जाती है। पोटैशियम एक आवश्यक पादप पोषक तत्व है जिसकी आवश्यकता पौधों को उनकी वृद्धि तथा फल एवं बीज उत्पादन हेतु होती है।

वस्तुतः पोटाश शब्द किसी भी पोटैशियम लवण के लिए प्रयुक्त होता है। उसका मूल्य पोटैशियम ऑक्साइड (K_2O) के रूप में बताया जाता है। विश्व में पोटैशियम लवण ही पोटाश उर्वरक के उत्पादन में उपयोगी है। पोटैशियम क्लोराइड सबसे अधिक उपयोगी उर्वरक है। विश्व में लगभग 95% पोटाश का उत्पादन पोटैशियम क्लोराइड के रूप में होता है, जिसमें पोटैशियम ऑक्साइड 60 प्रतिशत होता है। पोटैशियम क्लोराइड का उपयोग अन्य लाभकारी औद्योगिक और पोटाश रसायनों, जैसे – पोटैशियम सल्फेट, पोटैशियम नाइट्रेट, पोटैशियम क्लोरेट, पोटैशियम कार्बोनेट और पोटैशियम हाइड्रॉक्साइड इत्यादि के उत्पादन में होता है।

पोटाश के कुल उत्पादन का 95 प्रतिशत हिस्सा उर्वरक के रूप में प्रयोग होता है। यद्यपि हमारा भारत देश विकासशील है फिर भी हमारे पास पोटाश का नैसर्गिक स्रोत उपलब्ध नहीं है। इस कारण पोटाश रसायनों की आवश्यकता पूर्णतया आयात पर ही निर्भर है। हमारे देश में पोटाश का एक मात्र स्रोत समुद्री बिटर्न (Sea Bittern) एवं अंतःस्थलीय बिटर्न (Inland Bittern) है जिसे हमें पोटाश रसायन प्राप्त हो सकते हैं।

सीएसआईआर के केन्द्रीय नमक एवं समुद्री रसायन अनुसंधान संस्थान, भावनगर ने सामुद्रिक बिटर्न और अंतः स्थलीय बिटर्न में से पौटेशियम उर्वरक की प्राप्ति के लिए आर्थिक क्षमतावाली कुछ तकनीकों का विकास किया है। वस्तुतः बिटर्न लवण उद्योगों का एक उच्छिष्ट द्रव है जिसको वाष्पीकृत करने से कारनेलाइट या काइनाइट प्रकार के मिश्रित क्षार मिलते हैं जिनसे अंततोगत्वा शुद्ध पोटैशियम सल्फेट उर्वरक प्राप्त होता है (चित्र 41)। इस संस्थान के वैज्ञानिक ने म्यूरेट ऑफ पोटाश (एमओपी) उर्वरक के उत्पादन की भी प्रौद्योगिकी विकसित की है।

चित्र – 41.

सीएसएमसीआरआई भावनगर को इस कार्य हेतु यूएस पेटेन्ट (यूएस 7, 041, 268 मई 2006) एवं (यूएस 8, 182, 784 मई 2012) भी प्राप्त हुए हैं।

9. उद्योगों में प्रयुक्त रसायन

शायद ही ऐसा कोई उद्योग होगा जिसमें रसायनविज्ञान की भूमिका न हो – चाहे प्लास्टिक, कपड़ा, उर्वरक, बर्तन, धातु, काँच, कागज, चमड़ा, कोयला, गैस आदि भी क्यों न हो। वस्तुतः मानवोपयोगी अधिकांश वस्तुएँ औद्योगिक रसायन की ही देन हैं। यद्यपि कोयला, पेट्रोलियम तथा प्राकृतिक गैस मुख्यतः ऊर्जा स्रोत ईंधन के रूप में प्रयुक्त होते हैं, किन्तु ये अनेक महत्वपूर्ण रासायनिक पदार्थों के स्रोत ही हैं। कोयला के भंजन से अमोनिया तथा कोलतार प्राप्त होते हैं। पेट्रोलियम अनेक हाइड्रोकार्बनों का मिश्रण होता है। इन्हें प्रभाजी आसवन द्वारा पृथक किया जाता है। पेट्रोलियम तथा प्राकृतिक गैस से जो रसायन तैयार किये जाते हैं, वे पेट्रोरसायन कहलाते हैं। इनमें बेंजीन, मीथेन, एथेन, ऐथिलीन, ऐसिटिलीन, आइसोप्रोपीन मुख्य हैं। इनमें से कुछेक को काष्ठ के आसवन तथा कृषि अपशिष्टों के किण्वन से तैयार किया जाता है। कुछ औद्योगिक रसायनों का विवरण निम्नलिखित हैं।

(1) **क्लोरीन से प्राप्त रसायन** :– वस्तुतः जब क्लोरीन का विद्युत् अपघटन किया जाता है तो क्लोरीन गैस तथा कास्टिक सोडा बनते हैं। कास्टिक सोडा का उपयोग साबुन बनाने में, वस्त्र उद्योग में तथा पेट्रोलियम को शुद्ध करने में किया जाता है। क्लोरीन को हाइड्रोकार्बनों सें संयुक्त कराकर क्लोरो–हाइड्रोकार्बन बनाये जाते हैं। तथा इनका उपयोग संश्लिष्ट रबड़ तथा कीटनाशी बनाने में किया जाता है। डी॰डी॰टी॰ व बी॰एच॰सी॰ मुख्य कीटनाशी आर्गेनोक्लोरीन हैं। स्वयं क्लोरीन जल को शुद्ध एवं स्वच्छ बनाने में काम लाई जाती है।

गंधक से प्राप्त रसायन : गंधक से गंधक का अम्ल (H_2SO_4) बनाया जाता है जिसका उपयोग उर्वरकों, अपमार्जकों (डिटरजेंटों) तथा रंजकों के निर्माण में किया जाता है।

चूना पत्थर से प्राप्त रसायन : चूना पत्थर मुख्यतः कैल्सियम कार्बोनेट होता है जिसे गरम करने पर चूना बनता है और कार्बन डाइ आँक्साइड गैस निकल जाती है। चूने से गारा बनता है। इससे मकानों पर सफेदी की जाती है। चूने को कोयले के साथ मिलाकर गरम करने से कैल्सियम कार्बाइड बनता है जिससे ऐसिटिलीन गैस बनाई जाती

है। यह गैस उच्च ताप उत्पन्न करने, विशेषतया वैल्डिंग के लिए प्रयुक्त की जाती है। इससे अनेक यौगिक भी बनाये जाते है।

रासायनिक उर्वरक : मिट्टी को उपजाऊ बनाने के लिए उर्वरक डाले जाते हैं। इन उर्वरकों में नाइट्रोजन के उर्वरक सर्वाधिक काम में लाये जाते हैं। नाइट्रोजन को विशेषतया नैफ्था से अमोनिया गैस के रूप में और फास्फोरस को फास्फेट राक के रूप में प्राप्त किया जाता है।

विस्फोटक पदार्थ : वस्तुतः रासायनिक संरचना की दृष्टि से ये उर्वरकों से मिलते–जुलते रसायन हैं। इनका उपयोग विस्फोट, खान खोदने, इमारत गिराने या तेल और गैस के कुएँ खोदने में किया जाता है। अनेक नाइट्रेट, यथा – सेल्युलोज नाइट्रेट तथा नाइट्रोग्लिसरीन विस्फोटक पदार्थ हैं। सामान्य बारूद में पोटैशियम नाइट्रेट के साथ काठ कोयला तथा गंधक मिला रहता है। रसायनों से बने उत्पादों को चित्र–42 में दर्शाया गया है।

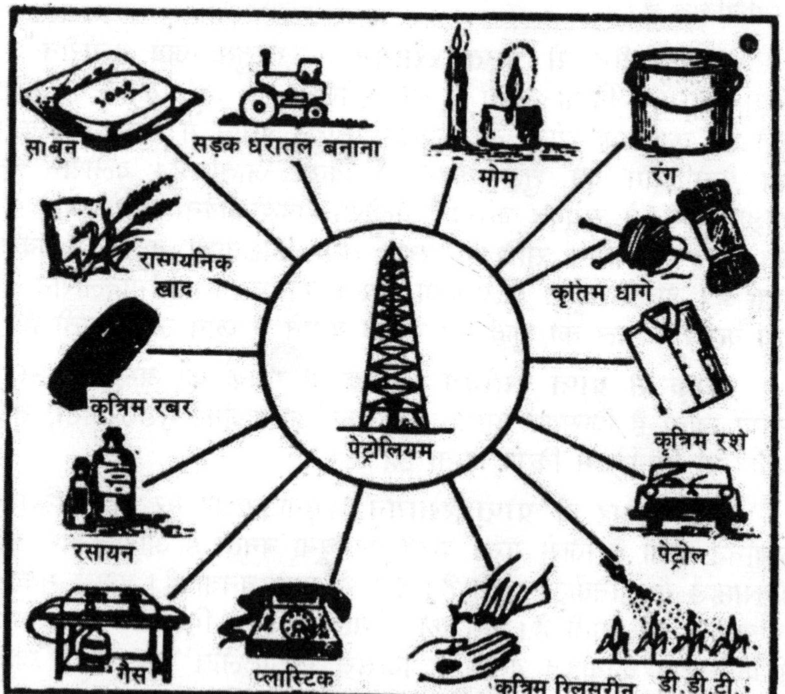

चित्र–42. रसायनों से बने पदार्थ

प्लास्टिक : घर के रसोईघर में मसालों की डिब्बी, बड़े–बड़े मर्तबान, रेफ्रिजरेटर के भीतर का भाग, फर्श की चटाई, बिजली के सारे सामान (स्विच तथा फिटिंग) प्लास्टिक के बने होते हैं। यह प्लास्टिक फीनाल, फार्मेल्डिहाइड (बेकेलाइट) या यूरिया फार्मेल्डीहाइड होता है।

ये लंबी श्रृंखला वाले अणुओं से बने होते हैं, जिन्हें गरम करके इच्छानुसार साँचे में ढाला जा सकता है। प्लास्टिक के नाम के साथ पॉलि शब्द लगा रहता है, जैसे – पॉलिएथिलीन (पॉलिथीन), पॉलिस्टाइरीन आदि। प्रकृति में उपलब्ध रबड़ वृक्ष का दूध, रेजिन तथा शेलैक – ये प्लास्टिक ही हैं। संश्लिष्ट रबर पेट्रोलियम से प्राप्त स्टाइरीन (द्रव) तथा ब्यूटाडाइन (गैस) इन दो रसायनों के संयोग से प्राप्त किया जाता है।

साबुनः वस्तुतः साबुन एक प्रकार का अपमार्जक या डिटरजेंट है अर्थात् ऐसी वस्तु जो धूल हटाने (मैल हटाने) के लिए प्रयुक्त होती है। वस्तुतः 172 वर्ष पूर्व यूजीन शेव्रल ने पाया कि यदि वसा तथा तेल को कास्टिक सोडा के साथ गरम किया जाता है तो साबुन बनता है। नारियल, बिनौला, सोयाबीन आदि के तेल से साबुनें बनाई जाती हैं। परन्तु ज्यों–ज्यों इन प्राकृतिक तेलों की कमी होने लगी तो पेट्रोलियम, कोयला, चूना तथा हवा – इन कच्चे मालों से डिटरजेंट बनाये जाने लगे। ये डिटरजेंट धागे को नम करके धूल को हटाते हैं। इनके अधिक प्रयोग करने से प्रदूषण की आशंका रहती है इस विषयक जानकारी इस पुस्तक में पूर्व में दी जा चुकी है।

पेंट तथा वार्निश : यह देखा गया है कि मकानों को सजाने में पेन्टों, इनेमल तथा वार्निश की महत्वपूर्ण भूमिका होती है। वस्तुतः किसी भी पेंट में पिगमेंट, तेल, तनुकारक तथा शुष्क – ये चार अंग होते हैं। अधिकतर काम में आने वाले प्रमुख पिगमेंट हैं – सफेद सीसा, जिंक, श्वेत, टाइटेनियम ऑक्साइड तथा लिथोपोन (जिंक तथा बेरियम सल्फेट)। इन्हें अलसी के तेल में निलंबित कर लेते हैं। इससे सतह पर पोतते ही पिगमेंट जल्दी सूख जाता है। तारपीन का तेल तनुकारक का कार्य करता है। लाल सीसा तथा मैंगनीज डाइ ऑक्साइड शुष्कक हैं क्योंकि इनके मिलाने से पेंट शीघ्र सूखता है। परन्तु उपर्युक्त पिगमेंट सफेद रंग देने वाले होते हैं। अतएव हरे रंग के लिए क्रोम ग्रीन, नीले रंग के लिए प्रशियन ब्लू, लाल रंग के लिए

रेड लेड, पीले रंग के लिए कैडमियम येलो, काले रंग के लिए कजली तथा भूरे रंग के लिए लौह के यौगिक प्रयोग किये जाते हैं।

जब रेजिन या गोंद को स्पिरिट या अलसी के तेल में घोल लेते हैं तो वही वार्निश बन जाती है। इसी प्रकार इनेमल भी एक प्रकार की वार्निश है जिसमें कोई एक पिगमेंट मिला दिया जाता है।

मानव निर्मित रसायनजन्य पदार्थ

हमारे दैनिक जीवन में प्रयुक्त किए जानेवाले मानव निर्मित रसायन तथा पदार्थ निम्नांकित हैं (चित्र–43)।

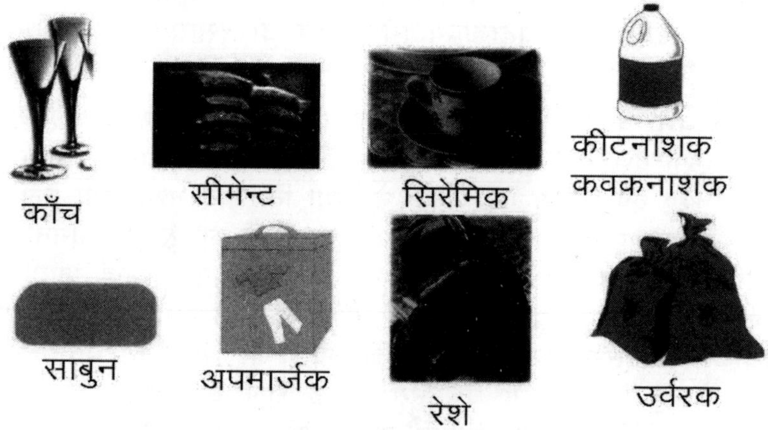

चित्र – 43. मानव निर्मित कुछ पदार्थ एवं रसायन

काँच

सदियों पूर्व मानव द्वारा काँच का उपयोग किया जा रहा है। वस्तुतः सामान्य काँच में सिलिका होती है और सिलिका में बालू होती है। जब सिलिका में अनेक प्रकार के पदार्थ मिलाए जाते है तो विभिन्न प्रकार के काँच तैयार किए जा सकते हैं। काँच का उपयोग कई कार्यों में किया जाता है। रंगीन काँच का निर्माण करते समय गरम अवस्था में ही इसमें विभिन्न प्रकार के रसायन मिलाये जाते हैं जिससे रंगीन काँच प्राप्त होता है जो आकर्षक होता है। विभिन्न रंगों हेतु निम्न यौगिक मिलाए जाते हैं। काँच के उपयोगों को चित्र–44 में दर्शाया गया है।

मिलावटी रसायनों से नुकसान

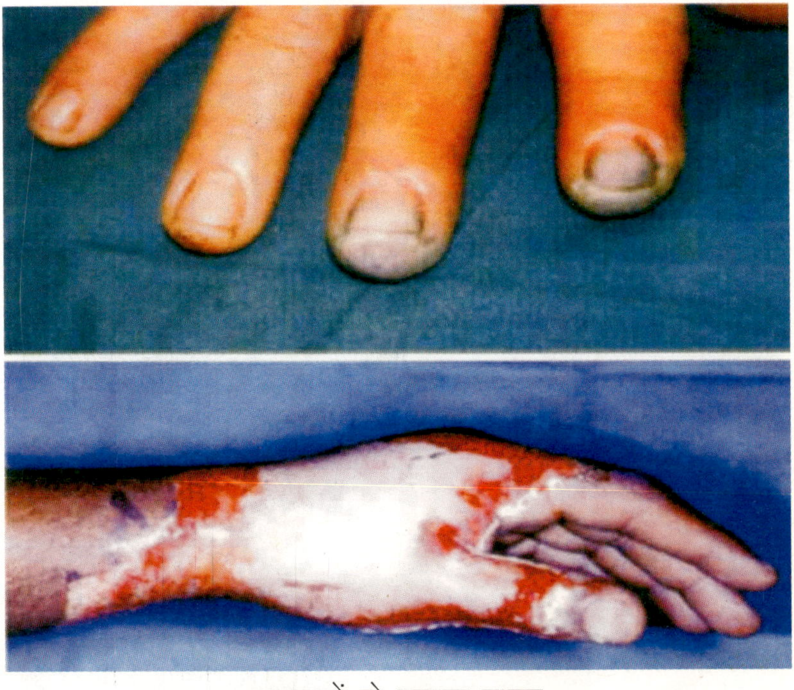

रसायनों के घातक प्रभाव

हर्बल गुलाल

मानव निर्मित रसायन

काँच की विभिन्न प्रकार की वस्तुएँ

पिछले कुछ वर्षों में दूध में तरह–तरह की मिलावट समाचार पत्रों तथा टी.वी. के माध्यम से उजागर

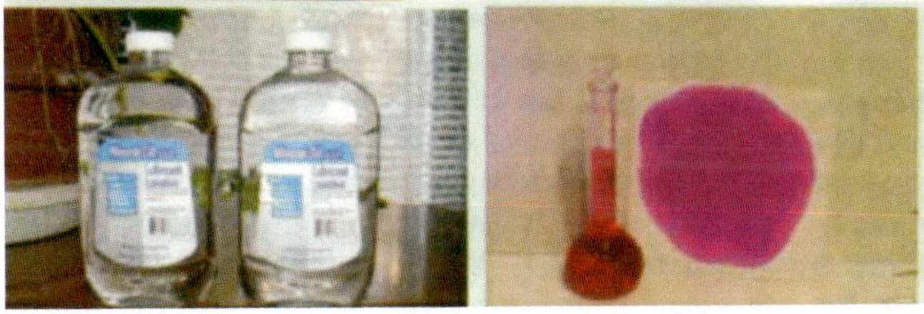

खाद्य पदार्थों में मिलावट

लो सोडियम सॉल्ट बनाने की विधि

उच्च शुद्धता का मैग्नीशिया

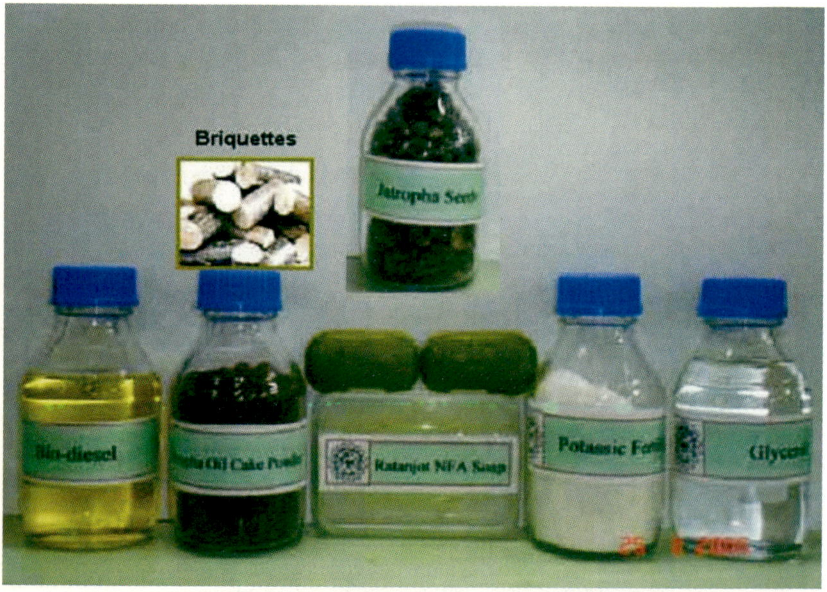

बायो डीजल के उत्पाद

एमओपी, एसओपी तथा मैग्निशिया प्राप्त करने का प्रक्रम

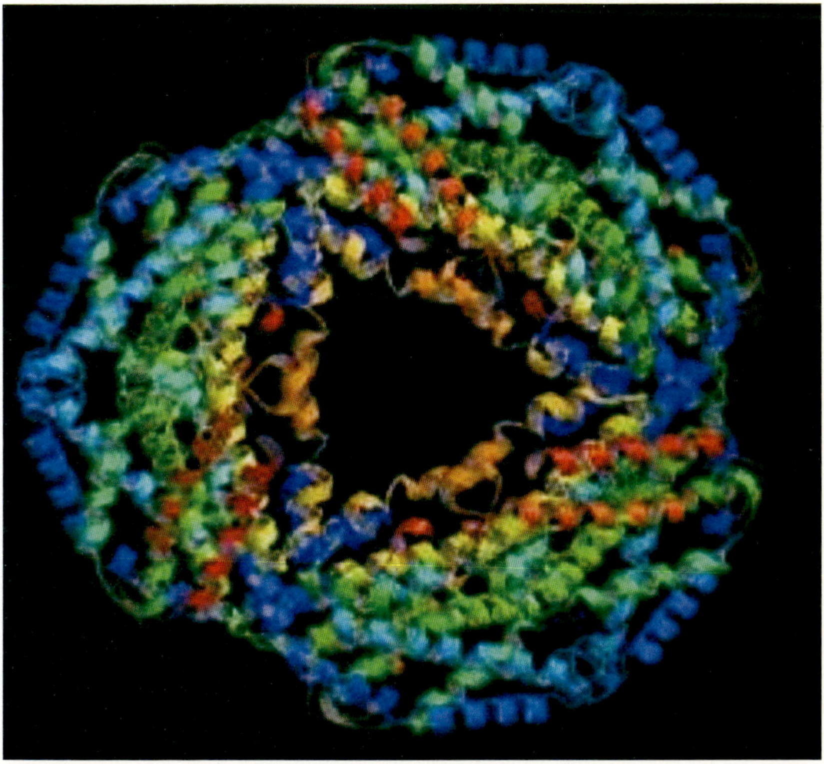

Phlorescent Pigment

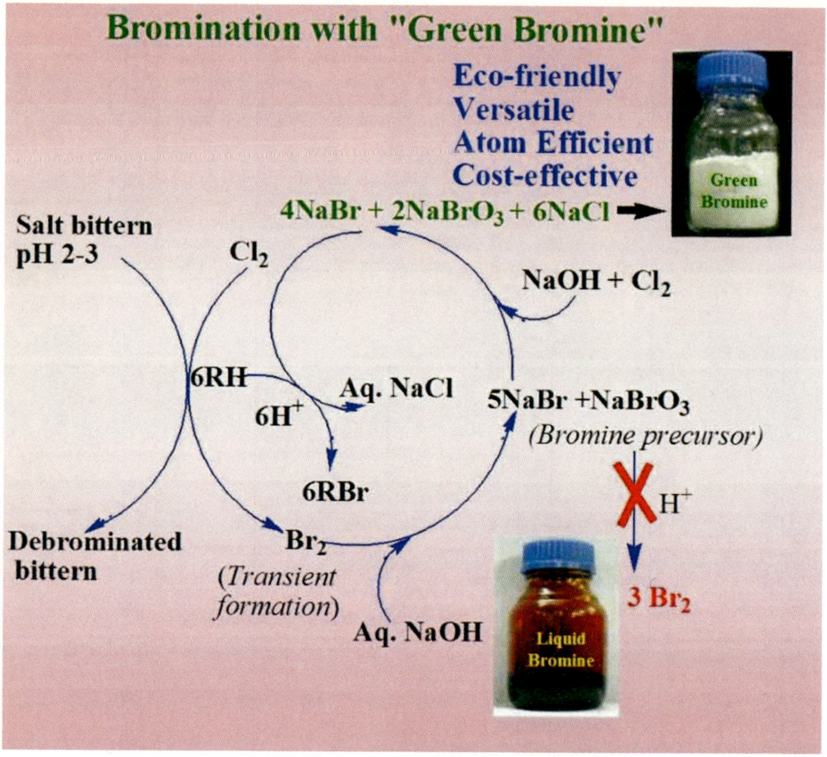

Green Bromine

Fine Blue Pigment

Saloni Salt

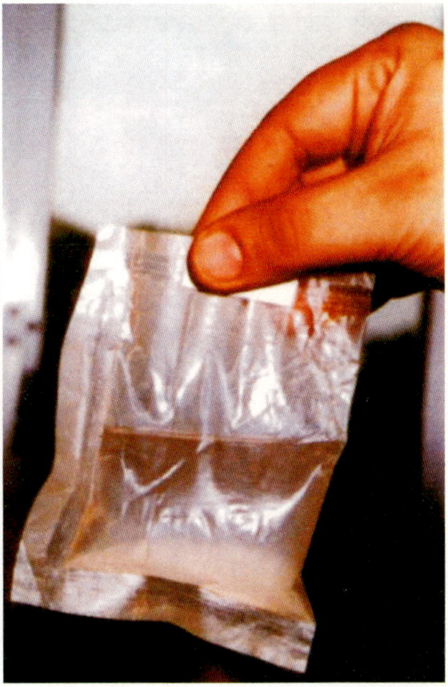

Biodegradeble Plastic

Holofibre Membrane

Membrane

Low Dust Chalk

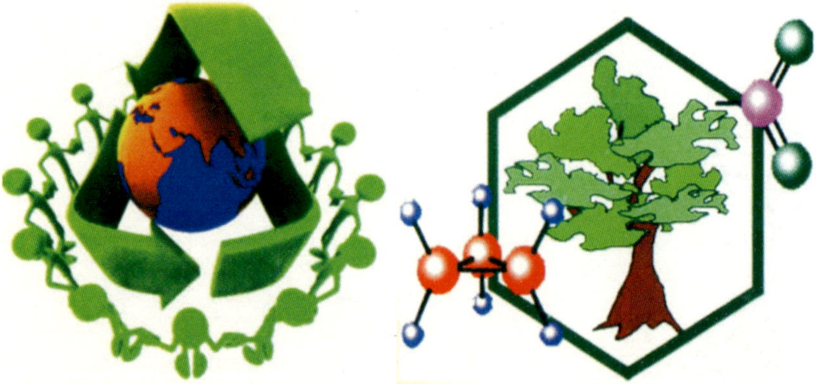

हरित रसायन

चित्र–44. काँच के विभिन्न उपयोग

विभिन्न प्रकार के काँच

वस्तुतः काँच कई प्रकार के होते हैं। इनका संक्षिप्त विवरण एवं उपयोग निम्नवत् हैं (चित्र–45)।

चित्र–45.

1. **चाक्षुषीय ग्लास** (Optical glass) – लेंस निर्माण, सूक्ष्मदर्शी यंत्र कैमरा, टेलिस्कोप तथा चश्मा।
2. **लेमिनेटेड ग्लास** – हवाई जहाज, ऑटोमोबाइल, बुलेट प्रुफ स्क्रीन।
3. **फोटोक्रोमेटिक ग्लास** (सिल्वर आयोडाइड युक्त परत के कारण सूर्य के प्रकाश हेतु संवेदनशील) – धूप से बचने हेतु चश्मों में।
4. **फाइबर ग्लास, ग्लास वूल, एवं प्रकाशीय रेशे** :– काँच में एक विशिष्ट गुण होता है कि इसके बारीक रेशे भी बनाए जा सकते हैं। जब ऐसे रेशों को प्लास्टिक के साथ संयोग करवाया जाता है तो प्रबल पदार्थ प्राप्त होते हैं जिनका प्रयोग, छत निर्माण, बिल्डिंग बोट्स, खेल का सामान, सूटकेस तथा बक्से एवं मोटरगाड़ियों के ढाँचे बनाने में किया जाता है (चित्र–46)।

चित्र–46. काँच एवं प्लास्टिक

वस्तुतः काँच के तंतु या काँच की रूई (Glass Wool) ढीले काँच के रेशों का एक बंडल होती है, जो वायु को सोख लेती है। इस प्रकार यह एक अच्छा ऊष्मा एवं विद्युतरोधी (Insulator) है। इसके इस गुण के कारण इसका उपयोग -- रेफ्रिजरेटर, अवन, कूकर तथा गरम पानी की बोतलों में (चित्र–47) किया जाता है।

चित्र–47. काँच की रूई के उपयोग

10. नाभिकीय रसायन

वस्तुतः नाभिकीय रसायन नवीन रसायन विज्ञान है जिसमें मूलभूत कणों एवं परमाणु नाभिकों की प्रकृति एवं अभिक्रियाओं का अध्ययन किया जाता है। रसायन विज्ञान की इस शाखा ने विगत दशकों में महत्वपूर्ण प्रगति की है। जहाँ पहले प्रकृति में मात्र 300 स्थायी समस्थानिक या आइसोटोप पाये जाते थे, वहाँ प्रयोगशाला में अब 400 से अधिक रेडियोऐक्टिव समस्थानिक तैयार किए जा चुके हैं।

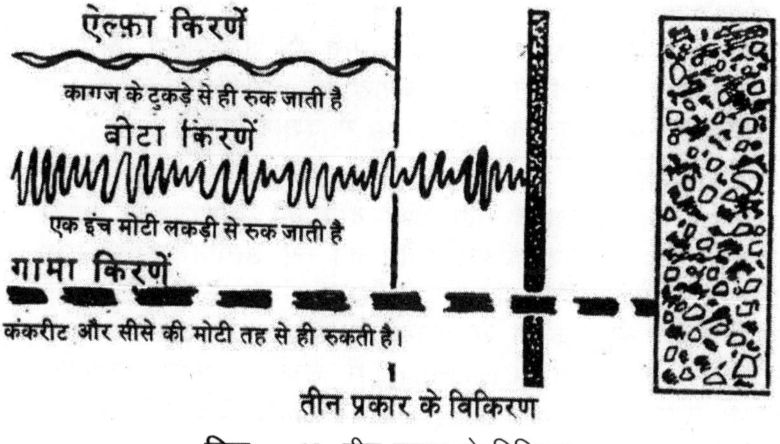

चित्र – 48. तीन प्रकार के विकिरण

चूँकि मैडम क्यूरी ने रेडियो ऐक्टिवता का गुण सर्वप्रथम 'रेडियम' नामक तत्व में देखा था इसलिए इसे रेडियो एक्टिवता कहते हैं। यह ऐल्फा (α), बीटा (β) तथा गामा (γ) विकिरणों के निकलने से उत्पन्न होती है (चित्र–48)।

इन विकिरणों में सामान्य प्रकाश की तुलना में हजारों–लाखों गुनी ऊर्जा रहती है। ये विकिरण अत्यन्त तीक्ष्ण होते हैं और अत्यन्त घातक भी।

विकिरण की इकाई रैड या रेम है। वैसे हर प्राणी पर प्रतिवर्ष 0.14 – 0.16 रैड विकिरण पड़ते हैं। किन्तु प्रति सप्ताह यदि यह मात्रा 0.3 रैड से अधिक हो तो अपनी जाँच कराना चाहिए। ज्ञातव्य रहे, एक्स किरणें या गामा किरणें अत्यन्त भयानक होती हैं। इनके कारण मृत्यु तक हो सकती है। इनसे बचने का उपाय है कि रबर के दस्ताने पहने जाय, ऐलुमिनियम या काँच की चादरें खड़ी की जाय, कमरे खुले रखे जाएं और रेडियो एक्टिव मलबे का निपटान दूरस्थ स्थान में किया जाय।

यद्यपि परमाणु बम, हाइड्रोजन बम, न्यूटॉन बम आदि ने विकिरण रसायन को उजागर किया है, किन्तु विनाशकारी युद्धास्त्र के रूप में। वस्तुतः नाभिकीय रसायन का एक रूप विध्वंसकारी है तथा इसका दूसरा रूप शांतिपूर्ण उपयोगों का पक्षधर है। नाभिकीय ऊर्जा से बिजलीघर चलाये जाते हैं, पनडुब्बियाँ चलती है तथा बर्फ तोड़ने वाले जहाज चलते हैं। इतना ही नहीं अंतरिक्ष यात्रा में भी यह उपयोगी है। परमाणु विखंडन से प्रचुर ऊर्जा निकलती है। यह प्रेक्षित किया गया है कि यूरेनियम के विखंडन से 20 करोड़ इलेक्ट्रॉन वोल्ट ऊर्जा निकलती है। विकिरण के विद्युत् कण चित्र–49 में दर्शाये गये हैं।

विकिरणों द्वारा उन प्रक्रमों को भी सहज ही सम्पन्न किया जाता है जिनमें पहले अत्युच्च ताप तथा दाब की आवश्यकता पड़ती थी। उदाहरण के तौर पर पॉलिएथिलीन का जो उत्पादन उच्च दाब तथा विशिष्ट उत्प्रेरकों की उपस्थिति में विशेष संयंत्र में ही किया जाता था वह विकिरण बहुलीकरण से क्षणभर में सम्पन्न हो जाता है इसी तरह पेट्रोलियम के भंजन (Cracking) में उच्च तापमान, उत्प्रेरक तथा अधिक समय लगता था। परन्तु अब वही कार्य विकिरणों द्वारा शीघ्र ही सम्पन्न हो जाता है।

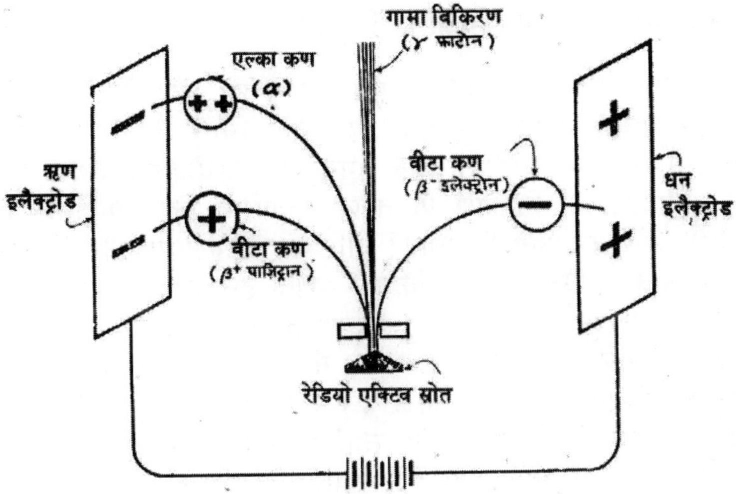

चित्र–49. विकिरण के विद्युत कण

गामा विकिरणों से फल, अन्न तथा अन्य उत्पादों को दीर्घकाल तक बिना बिगड़े सुरक्षित रखा जा सकता है। एक्स किरणों ने तो हड्डी में किसी भी प्रकार के विकार का पता लगाने में चमत्कार कर दिखाया है।

इसी प्रकार रेडियो आइसोटोपों का उपयोग रोगों के पता लगाने में किया जाता है – जैसे आयोडीन के रेडियो आइसोटोप से मस्तिष्क ग्रंथि की पहचान की जा सकती है (चित्र – 50)।

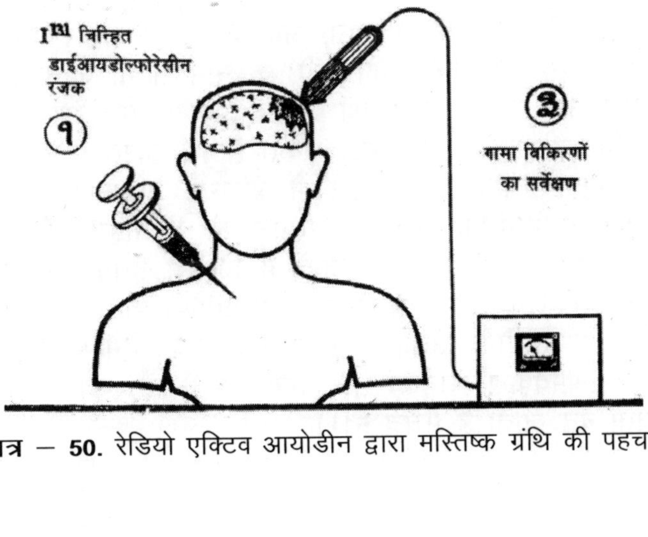

चित्र – 50. रेडियो एक्टिव आयोडीन द्वारा मस्तिष्क ग्रंथि की पहचान

11. अब हरित रसायन विज्ञान भी

आधुनिक सभ्यता अपने आधुनिक मानदंडों और बेहतर गुणवत्ता के लिए रसायन उद्योग पर बहुत हद तक निर्भर है। विगत कुछेक दशक इस तथ्य के साक्षी हैं जब हमनें जल शुद्धीकरण संयंत्र बनाए, अपशिष्ट पदार्थों के निवारण के तरीके विकसित किए, कृषि के लिए कीटनाशी और कवकनाशी बनाए। पॉलिमर, पेट्रोलियम और डिटरजेंट पर अनुसंधान व विकास कार्य किया। यद्यपि इन सभी ने हमारे जीवन की गुणवत्ता में सुधार किया परंतु प्रदूषण के साथ। कृत्रिम रसायनों के निर्माण, इस्तेमाल और इन्हें नष्ट करने में मानव स्वास्थ्य और पर्यावरण पर खतरा मंडराने लगा है। आज इन रसायनों को प्रदूषण बढ़ानेवाले कारकों के रूप में भी माना जा रहा है। प्रदूषण के इन खतरों को दृष्टिगत रखते हुए आज एक ऐसे रसायनविज्ञान का विकास हो रहा है, जिससे प्रदूषण को कम किया जा सके और रासायनिक संयंत्रों एवं कल–कारखानों से निकलने वाले अपशिष्ट का पुनः उपयोग किया जा सके। बेहतर भविष्य और पर्यावरण की सुरक्षा की परिकल्पना एवं उचित कार्यवाही वाले इस विज्ञान को **हरित रसायन विज्ञान** या **'ग्रीन केमिस्ट्री'** नाम दिया गया है। हरित रसायन विज्ञान रासायनिक प्रक्रियाओं में कार्बनिक विलायकों के प्रयोग को कम करने में मदद करता है। इसके अंतर्गत संपूर्ण उत्पादन प्रक्रिया में ऐसी तकनीक प्रयुक्त की जाती है जो कि उस प्रक्रिया के खतरों को कम करती है जबकि उसकी आर्थिक उपयोगिता बनी रहती है।

वस्तुतः हरित रसायन विज्ञान, अब हरित एवं संधारणीय रसायन विज्ञान (ग्रीन एंड सस्टेनेबिल केमिस्ट्री) के नाम से भी जाना जाता है। इसमें रासायनिक उत्पाद के संपूर्ण जीवन चक्र पर नियंत्रण रखा जाता है। इसे हम इस प्रकार भी समझ सकते हैं कि हरित रसायन विज्ञान में रासायनिक उत्पाद के निर्माण में संलग्न अभिकारक (रिएक्टेंट) रसायन एवं रासायनिक प्रक्रिया, उत्पाद के डिजाइन और उपयोग आदि इस प्रकार निर्धारित किए जाते हैं जिससे इनका पर्यावरण पर नकारात्मक प्रभाव कम से कम या लगभग समाप्त हो सके। इस प्रकार बनने वाले रासायनिक उत्पाद के उपयोग एवं निर्माण में अपशिष्ट पदार्थ एवं आविषालु घटकों में कमी आती है एवं उत्पाद की कार्यशीलता बढ़ जाती है (चित्र 51)।

चित्र – 51.

हरित रसायन विज्ञान का ऐतिहासिक परिदृश्य

वस्तुतः हरित रसायन विज्ञान का आविर्भाव बहुत पुराना नहीं है। हरित रसायन विज्ञान की नींव अमेरिका में "पाल्यूशन प्रिवेंशन एक्ट 1990" के साथ रखी गई। इस अधिनियम का केन्द्र बिंदु या स्रोत या उद्‌गम स्थल पर प्रदूषण की रोकथाम करना, न कि प्रदूषकों के निर्माण के पश्चात् उनकी जाँच या उपचार करना। इसी उद्देश्य के साथ अमेरिका में 1991 में यू.एस. इनवार्नमेंटल प्रोटेक्शन एजेंसी (इ.पी. ए.) की शुरुआत की गई।

डॉ॰ पॉल एनास्टास को हरित रसायन विज्ञान का जनक कहा जाता है। 'ग्रीन केमिस्ट्री' शब्द गढ़ने वाले डॉ॰ पॉल एनास्टास ऑफिस ऑफ रिसर्च एंड डेवलपमेंट, यू.एस. इनवार्नमेंटल प्रोटेक्शन एजेंसी के सह–प्रशासक एवं सेंटर फॉर ग्रीन केमिस्ट्री एंड ग्रीन इंजीनियरिंग, येल यूनिवर्सिटी, अमेरिका में निदेशक पद पर कार्यरत हैं। डॉ॰ एनास्टास ने ग्रीन केमिस्ट्री शब्द को 1991 में गढ़ा, जिसका तात्पर्य ऐसे रासायनिक उत्पादों या रासायनिक प्रक्रियाओं के डिजाइन से है जो हानिकारक अपशिष्ट के उत्पादन या उपयोग को कम या लगभग समाप्त करता है। आज पूरे विश्व में हरित रसायन विज्ञान आधारित ऐसी प्रौद्योगिकियां नए पदार्थों के विकास में उपयोग की जा रही है जिन्हें अहानिकारक और अधिक टिकाऊ रूप में डिजाइन किया गया है।

हरित रसायन का दृष्टिकोण जलवायु परिवर्तन के सभी कारकों पर लागू होता है और साथ ही अन्य पर्यावरणीय एवं मानव स्वास्थ्य से जुड़ी चुनौतियों, जिनका हम सामना करते हैं, पर भी कार्य करता है।

हरित रसायन के विकास में प्रो॰ जॉन सी॰ वार्नर का भी महत्वपूर्ण योगदान है। वार्नर–बाबकॉक इंस्टीट्यूट फॉर ग्रीन केमिस्ट्री के अध्यक्ष एवं मुख्य प्रौद्योगिकी अधिकारी हरित रसायन विज्ञान पर जागरूकता के प्रसार में एक मिशन के रूप में कार्य कर रहे हैं।

हरित रसायन के सिद्धान्त

सन् 1998 में पॉल एनास्टास एवं जॉन सी. वार्नर ने हरित रसायन विज्ञान के बारह सिद्धान्तों की सूची तैयार की जिसके तहत रासायनिक प्रक्रियाओं एवं उनकी गुणवत्ता, दोष स्वीकृति अथवा अस्वीकृति आदि की विवेचना की गई है। वस्तुतः इन सिद्धान्तों का मूलभूत लक्ष्य पर्यावरण को संभावित संकटों से बचाना है। इन बारह सिद्धान्तों का संक्षिप्त विवरण इस प्रकार है।

चित्र – 52.

1. व्यर्थ उप–उत्पादों की रोकथामः किसी भी रासायनिक प्रक्रिया को अनावश्यक उप–उत्पादों के बनने से बचाना है। प्रक्रिया की दिशा व दशा ऐसी हो कि इससे जनित समस्त उत्पाद या तो प्रयोग में आ सकें और ऐसा नहीं तो अनुपयोगी पदार्थों का बनना रोका जा सके। अथवा फिर वे इतनी कम मात्रा में बने कि पर्यावरण कम से कम प्रदूषित हो। व्यर्थ पदार्थ एक संभावित प्रदूषक है, जो

गैसीय अवस्था में वायु की गुणवत्ता को प्रभावित कर सकता है और द्रव या ठोस अवस्था में मिट्‌टी तथा जल स्रोतों आदि को प्रदूषित कर सकता है (चित्र 52)।

2. परमाणु अर्थ व्यवस्था : किसी भी रासायनिक प्रक्रिया में अभिकारक (रिएक्टेंट) का अधिकाधिक हिस्सा उत्पाद (प्रोडक्ट) में निहित होना चाहिए। अर्थात् अभिकारक के अधिकतम परमाणु उत्पाद की संरचना में मौजूद हों। साधारणतया किसी अभिक्रिया की सफलता का आकलन, प्रतिशत उत्पाद से किया जाता है। इस गणना में उप–उत्पादों की मात्रा सम्मिलित नहीं होती है, अतः यह युक्तिसंगत नहीं है। इसकी जगह प्रतिशत परमाणु उपयोग की गणना करने से अभिक्रिया की सार्थकता और क्षमता का स्पष्ट आभास हो जाता है।

3. कम खतरनाक रासायनिक संश्लेषण : जहाँ तक संभव हो सके पर्यावरण एवं स्वास्थ्य की दृष्टि से कम से कम हानिकारक अभिक्रियाओं का चयन करना चाहिए। ऐसा प्रयास होना चाहिए कि प्रयुक्त होने वाले तथा अभिक्रिया से बनने वाले, दोनों ही रसायन पर्यावरण और स्वास्थ्य के लिए सुरक्षित हों।

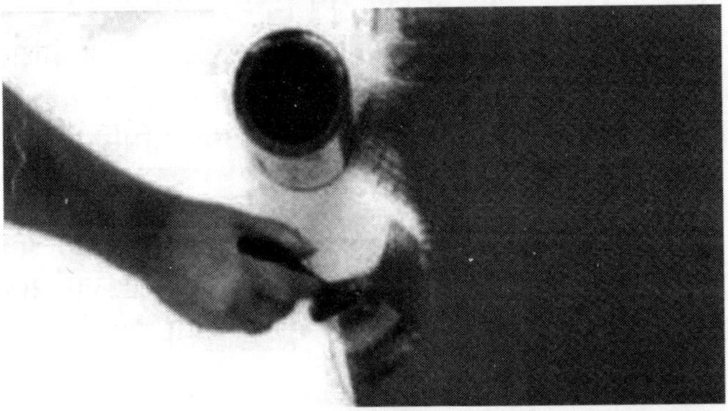

चित्र – 53.

4. सुरक्षित रसायन का डिजाइन : अनुकूल तथा सुरक्षित रसायनों को बनाना तथा उनका वांछित प्रयोग हरित रसायनविज्ञान का चौथा मुख्य सिद्धान्त है। दवाएं, रंग–रोगन, सौंदर्य प्रसाधन, ईंधन आदि सभी के सुरक्षित विकल्पों की खोज और उनका मानकीकरण, हरित रसायन विज्ञान की एक महत्वपूर्ण कड़ी है। पेंट में आविषालु अर्थात् नॉन–टॉक्सिक लेड की जगह निराविष अर्थात् नॉन–टॉक्सिक टाइटेनियम का उपयोग, जीवाश्म ईंधनों की जगह जैव ईंधन,

रासायनिक रंगों की जगह प्राकृतिक फूलों के रंग आदि का प्रयोग कुछ विकल्प हैं (चित्र 53)।

5. सुरक्षित विलायकों का अधिकतम प्रयोग एवं अवांछनीय का न्यूनतम प्रयोग : विलायकों का प्रयोग अनिवार्यता होने पर ही करना चाहिए। इस हेतु शोधार्थियों एवं रसायनविद्ों को नए और निराविष (नॉन–टॉक्सिक) विकल्प खोजने चाहिए। अतिरिक्त रसायनों का प्रयोग बंद करना चाहिए, जैसे कि विकसित देशों ने क्लोरीन युक्त विलायकों का प्रयोग पूर्णतः बंद कर दिया है।

6. ऊर्जा क्षमता के लिए डिजाइन : संश्लेषण एवं विश्लेषणात्मक प्रक्रियाओं में ऊर्जा की बचत अथवा बर्बादी का पूरा ध्यान रखना चाहिए। ऊर्जा बचाने वाले विकल्पों को महत्व देना चाहिए।

7. नवीकरणीय पदार्थों का उपयोग : ऐसे पदार्थ, जो रासायनिक अभिक्रिया के पश्चात् पर्यावरण में लंबी अवधि तक बने रहते हैं, वे पर्यावरण को नुकसान पहुंचा सकते हैं। अतः नवीकरणीय पदार्थों को प्राथमिकता देकर उनका चयन एवं उपयोग करना चाहिए।

8. व्युत्पन्नों (डेरिवेटिज) को कम करना : यह प्रेक्षित किया गया है कि अतिरिक्त चरण जैसे व्युत्पन्न बनाना आदि को यथासंभव कम से कम इस्तेमाल करना चाहिए। इनके बिना अभिक्रिया के विकल्प डिजाइन करने चाहिए।

9. उत्प्रेरित अभिक्रियाएं : उत्प्रेरकों के उपयोग से कम ऊर्जा व कम समय में अधिक मात्रा में उत्पाद प्राप्त किया जा सकता है। अतः नए और जैव उत्प्रेरक, एंजाइम, सूक्ष्म जीवों आदि का उपयोग सर्वोत्तम और कारगर होता है।

10. अपघटन के लिए डिजाइन : अभिक्रिया से बने उत्पाद यदि अपनी उपयोगिता के बाद स्वयं ही अहानिकर, सुरक्षित व उदासीन (न्यूट्रल) पदार्थों में अपघटित हो जाएं तो यह सर्वोत्तम स्थिति है। अतः इस प्रकार के डिजाइन बना कर हरित रसायन विज्ञान को सचमुच में प्रोत्साहित किया जा सकता है।

11. प्रदूषण की रोकथाम के लिए वास्तविक समय विश्लेषण : यह प्रेक्षित किया गया है कि हानिकारक रसायनों का वास्तविक समय में विश्लेषण (रिअल टाइम अनालिसिस) करने से

संभावित दुर्घटनाओं को संयमित करके पर्यावरण को प्रदूषण से बचाया जा सकता है।

12. दुर्घटनाओं की रोकथाम के लिए अंतर्निहित सुरक्षित रसायनविज्ञान : अभिक्रिया में प्रयुक्त रसायन मूलरूप से खतरनाक नहीं होने चाहिए। इस दिशा में उचित प्रयास तथा विकल्पों की खोज की जानी चाहिए। दुर्घटनाओं को कम करने एवं पर्यावरण को स्वच्छ रखने की दिशा में यह एक आवश्यक कदम हैं।

दैनिक जीवन में हरित रसायनविज्ञान का योगदान

दैनिक जीवन में हरित रसायनविज्ञान की उपयोगिता निम्नवत् हैं–

1. आइबूप्रोफिन नामक दवा पीड़ा तथा ज्वरनाशक के रूप में बहुत प्रयोग की जाती है। पहले इस दवा का निर्माण दस चरणों में होता था। परंतु अब ग्रीन सिंथेसिस या हरित संश्लेषण के तहत बूट्स कंपनी ने मात्र छः चरणों में ही इस दवा को बना लिया है। इससे दवाई बनाने का खर्च कम हुआ, प्रदूषण भी लगभग 30 प्रतिशत कम हुआ तथा साथ ही अन्य दवाइयों के संश्लेषण को भी नई दिशा मिली है। इसके अतिरिक्त उपभोक्ता को भी कम कीमत पर दवाई मिलने लगी है।

2. सामान्यतया कपड़ों की ड्राई क्लिनिंग में परक्लोरोइथीलिन ($Cl_2C = CCl_2$) का प्रयोग किया जाता है। यह विदित हुआ है कि यह रसायन भू जल को संदूषित करता है तथा कैंसरजन्य भी है। इस समस्या के निदान हेतु जोसेफ साइमॉन, टिमोथी रोमेक तथा जेम्स मेक्लेन ने मिसेल टेक्नोलॉजी विकसित की है, जिसके तहत द्रव कार्बन डाइ ऑक्साइड तथा पृष्ठ सक्रियक का उपयोग करके कपड़ों की ड्राई क्लिनिंग की जाती है। आजकल इस टेक्नोलॉजी को प्रयोग में लाकर ड्राइक्लीनिंग मशीनें भी विकसित की जा चुकी है।

3. सर्वतोमुखी विरंजनकर्मक : यह विदित ही है कि कागज का निर्माण काष्ठ से होता है। अच्छे किस्म के कागज प्राप्त करने हेतु लिग्निन को हटाने हेतु पल्प तैयार करने में लकड़ी के छोटे– छोटे टुकड़ों को सोडियम हाइड्रॉक्साइड तथा सोडियम सल्फाइड की कुंडिका (बाथ) में डाला जाता था। इस विधि में 80–90 प्रतिशत लिग्निन को ही हटाया जा सकता था। यद्यपि इससे अच्छी किस्म का

कागज तो प्राप्त हो जाता था। परन्तु कई प्रकार की पर्यावरणीय समस्याएं भी उत्पन्न हो जाती थी। इतना ही नहीं, क्लोरीन से बने उत्पाद संभाव्य कैंसरकारक एवं अन्य स्वास्थ्य संबंधी समस्याएं उत्पन्न करते थे। ये हैलोजनकृत उत्पाद अंततोगत्वा खाद्य श्रृंखला में पहुँचकर और भी घातक हो जाते हैं।

अतः इस समस्या के समाधान हेतु क्लोरीन डाइ ऑक्साइड का प्रयोग किया गया। तदनंतर, अमेरिका के टेरेंस कोलिंस (कार्नेगी मेलॉन) ने हाइड्रोजन परऑक्साइड का प्रयोग कुछ सक्रियकों की उपस्थिति में करके नई तकनीक विकसित की। इस विधि से कम समय में अत्यधिक कम तापमान पर लिग्निन को दूर करने में तथा अच्छे किस्म के कागज उत्पादन में सफलता मिली है। इस प्रकार के विरंजन कर्मकों का उपयोग लॉड्री में भी उपादेय होता है। क्योंकि इससे पानी की खपत में कमी होती है।

4. भारतीय मूल के वैज्ञानिक मैनक मजूमदार (मोनाश विश्वविद्यालय, अमेरिका) व उनके सहयोगियों (राइस विश्वविद्यालय, ह्यूस्टन), ने रेत के कणों पर ग्रेफाइट ऑक्साइड की नैनो परत चढ़ाकर इससे पानी छानने का एक अत्यंत सरल एवं प्रभावशाली फिल्टर बनाया है। वाटर फिल्टर तथा वाटर शोधक की श्रेणी के इस रेतीले संयंत्र का विकास एक सराहनीय कार्य है। यह एक हरित तकनीक है। रेत के कणों पर ग्रेफाइट ऑक्साइड की परत चढ़ने से कणों का क्षेत्रफल बढ़ जाता है। इससे पानी में उपस्थित तत्वों का अधिशोषण (एडसॉरप्शन) कई हजार गुना बढ़ जाता है। इससे होकर छना हुआ पानी पूर्णतः स्वच्छ माना गया है।

5. औद्योगिक क्षेत्र में जैविक उत्प्रेरक

वस्तुतः वर्तमान सदी में एंजाइमों का प्रयोग प्रौद्योगिक उपलब्धियों में एक मील का पत्थर साबित हुआ है। तथा यह प्रचलित भी बहुत हुआ है। उदाहरण के तौर पर सामान्यतया प्रयुक्त होने वाले अपमार्जक (डिटरजेंट) को ही देखें तो उसमें मिश्रित रंग बिरंगे नन्हें क्रिस्टल किसी शोधक एंजाइम के होते हैं। इतनी कम मात्रा में उपस्थित होने के बावजूद ये एंजाइम दाग–धब्बों को आसानी से मिटाकर वस्त्र धुलाई को सरल एवं सक्षम बना देते हैं।

अनेक दवाइयां किसी एक निश्चित अवस्था में ही सक्रिय रहकर रोग का प्रतिरोध कर पाती है। रसायनविज्ञान की भाषा में त्रिविम रसायन सक्रिय (स्टीरियोकेमिकली एक्टिव) औषधियों का रासायनिक संश्लेषण एंजाइम उत्प्रेरित अभिक्रियाओं के माध्यम से बहुत सरलीकृत हो गया है। यह हरित रसायन विज्ञान का अर्थात् ग्रीन केमिस्ट्री का अत्यन्त रोमांचक पहलू है क्योंकि फल, सब्जी, आदि में किण्वन की प्रक्रिया में एंजाइम प्राकृतिक रूप से बनते हैं। यह जैव उत्प्रेरक विश्व की सभी प्रतिष्ठित औषधि कंपनियों में एक वरदान की तरह माना जाता है।

ग्लैक्सो–वेलकम की एच.आई.वी. दवा जियाजेन, फाइन केमिकल्स की एस्पार्टेम, एमॉक्ससेलीन, डिलटियाजेम, कैप्टोप्रिल आदि दवाओं के संश्लेषण में अनेक मध्यवर्ती उत्पाद, त्रिविम–रसायन विधियों से बनाए जाते हैं। सारणी–3 में कुछ बहुपयोगी एवं चर्चित उत्पादों का उल्लेख है जिनमें अलग–अलग प्रकार के स्रोतों से जैव–उत्प्रेरक प्राप्त किए जाते हैं। उल्लेखनीय है कि कार्बनिक रसायन विज्ञान जैव कार्बनिक रसायन विज्ञान एवं जैव रसायन विज्ञान तीनों के मेल से औषधि जगत में एक अप्रत्याशित प्रगति हुई है जो हरित रसायन विज्ञान की महत्वपूर्ण देन है। वस्तुतः यह सारा कार्य हरित रसायन विज्ञान यानी ग्रीन केमिस्ट्री के 12 सिद्धान्तों में से अधिकाधिक सिद्धान्तों को मद्देनजर रखकर होता है, क्योंकि अधिकतर चरण, प्राकृतिक स्रोतों की मध्यस्थता से बनाए जाते हैं।

सारणी – 3.

क्र॰सं॰	एंजाइम	उत्पाद	स्रोत (बैक्टीरिया आदि)
1	बीटा–टाइरोसिनेज	एल–3, 4–डाइ हाइड्रॉक्सी फिनाइल एलानीन *एमीनो एसिड	इरवीनिया हर्बोकोला
2	नाइट्राइल हाइड्राटेज	निकोटिनामाइड *(स्वास्थ्य संबंधी)	रोडोकोकस रहोडोक्रोस
3	ऑर्थोथेलिल अर्मीडेज	कार्बाजिपाम *(दवा)	जेंथोबैक्टीरिया ऐजेलस
4	ऑक्सीजेनेज	थियोब्रोमिन (कामोडिटीफूड)	

* उपयोग

इसी प्रकार कैंसर तथा गुर्दा संबंधी रोगों के लिए दो नई औषधियां–एफ न्यूजोजेन एवं ईपोजेन का संश्लेषण, जैव–उत्प्रेरकों की सहायता से, अमेरिका की एमजेन कंपनी ने सफलतापूर्वक किया है।

कृषि संबंधी रसायन, प्लास्टिक, फाइबर, सभी आज के दिन जैव–उत्प्रेरकों के द्वारा कम लागत, कम चरणों में एवं अधिक मात्रा में उपलब्ध हो रहे हैं।

एक्राइलोनाइट्राइल को, एक्राइलएमाइड के जल अपघटन द्वारा (जो कि एंजाइम नाइट्राल हाइड्राटेज द्वारा होता है) प्राप्त किया जाता है। यह उत्पाद प्लास्टिक उद्योग में अहम भूमिका निभाता है।

कार्न सिरप का खाद्य उद्योग में बहुत महत्वपूर्ण स्थान है। कार्न सिरप, जिसमें अधिक प्रतिशत में फ्रक्टोज होता है, एंजाइम द्वारा बहुतायत में प्राप्त किया जाता है। सूक्ष्मजीवों की सहायता से पॉलिएस्टर का उत्पादन 1, 3 प्रोपेनडाइऑल द्वारा, महज एक चरण में प्राप्त किया जा रहा है।

पॉलिलैक्टिक एसिड जिसका प्रयोग जैव–सुसंगत फाइबरों (बायोकम्पेटीबिल फाइबर्स), जैव अपघटनीय सीवन (बायोडिग्रेडेबिल सुचर्स) और पैकेजिंग में होता है, अब जैव–उत्प्रेरण द्वारा सुगमता से प्राप्त किया जा रहा है।

भारत में हरित रसायन विज्ञान का शुभारंभ

इंटरनेशनल चैप्टर ऑफ अमेरिकन केमिकल सोसायटी–ग्रीन केमिस्ट्री इंस्टिट्यूट के सौजन्य से दिल्ली विश्वविद्यालय के रसायन विज्ञान विभाग में 'ग्रीन केमिस्ट्री नेटवर्क सेंटर' स्थापित किया गया है। इस केन्द्र द्वारा जनवरी 1999 में पहली बार देश में हरित रसायन विज्ञान पर कार्यरत वैज्ञानिकों और विज्ञान संचारकों को एक मंच पर लाकर हरित रसायन विज्ञान पर एक राष्ट्रीय संगोष्ठी का आयोजन किया गया। ''दिल्ली विश्वविद्यालय इन हायर एजुकेशन'' के सहयोग से ग्रीन केमिस्ट्री नेटवर्क सेंटर द्वारा हरित रसायन विज्ञान पर ''रिफ्रेशर कोर्स'' संचालित किए जाते हैं। ये पाठ्यक्रम विशेष रूप से शिक्षकों एवं शोधार्थियों के लिए निर्धारित किए गए हैं। हरित रसायन विज्ञान के प्रति उत्साह को देखते हुए दिल्ली विश्वविद्यालय द्वारा वर्ष 2001 में एक अंतरराष्ट्रीय संगोष्ठी आई॰यू॰पी॰ए॰सी॰ इंटरनेशनल

सिम्पोजियम ऑन ग्रीन केमिस्ट्री का आयोजन किया गया, जिसमें अनेक देशों के वैज्ञानिकों ने भाग लिया। वस्तुतः यह आयोजन भारत में हरित रसायन विज्ञान को स्थापित करने की दिशा में मील का पत्थर साबित हुआ।

वर्ष 2001 में दिल्ली विश्वविद्यालय के रसायन विज्ञान विभाग को अमेरिकन केमिकल सोसाइटी ग्रीन केमिस्ट्री इंस्टिट्यूट द्वारा विश्व के अंतरराष्ट्रीय हरित रसायनविज्ञान के अध्यायों में सम्मिलित एवं स्थापित किया गया है। वर्तमान समय में ग्रीन केमिस्ट्री नेटवर्क सेंटर द्वारा भारत में हरित रसायन विज्ञान को संस्थागत प्रणाली के अन्तर्गत शामिल करके हरित रसायन विज्ञान के सिद्धान्तों को प्रयोगशालाओं, कक्षाओं से लेकर उद्योगों तक में स्थापित करने की दिशा में प्रयास किए जा रहे हैं।

हरित रसायन विज्ञान के क्षेत्र में सीएसआईआर– सीएसएमसीआरआई, भावनगर ने भी बहुत जनोपयोगी कार्य किया है जिसका संक्षिप्त विवरण निम्नवत् हैं।

1. ठोस अवस्था उत्प्रेरक

कई उद्योगों में गंधक का अम्ल, सोडियम हाइड्रॉक्साइड अथवा पोटैशियम हाइड्रॉक्साइड जैसे सांद्र अम्ल/क्षार का उत्प्रेरण में उपयोग बड़ा जोखिम भरा होता है तथा इनके उप–उत्पाद भी पर्यावरण स्नेही नहीं होते हैं।

सीएसआईआर – सीएसएमसीआरआई, भावनगर ने ऊर्जादक्ष तथा चयनशील रसायन रूपान्तरण में नई प्रक्रियाएँ विकसित करने की दिशा में तथा इनके रंगीन बहिस्रावों से रंग दूर करने जैसे नये उपयोगों पर शोध कार्य किया है। इपॉक्सीकरण के लिए पर्यावरण अनुकूल प्रक्रिया व्यापारिक उपयोग के लिए उद्योगों को हस्तांतरित की गई है। यह प्रक्रिया हरित रसायन विज्ञान पर आधारित है। वस्तुतः उत्प्रेरण और अधिशोषण रासायनिक उद्योगों के प्रमुख विषय होते हैं। भावनगर के इस अनुसंधान संस्थान ने इस क्षेत्र में उच्च स्तरीय अनुसंधान कार्य किए हैं। विभिन्न प्रकार के पदार्थों, जैसे – मृदा, जियोलाइट, हाइड्रोटेलसाइट, सतही पदार्थ, मीसेछिद्री, धातु संकुल तथा ऑक्साइड, धातु नैनोकण एवं कार्बन को उनकी विविध उत्प्रेरणीय

(समांग, विषमांग, संशोषित विषमांगी समांग तथा फोटो) संभावनाओं हेतु अन्वेषित किया गया है जिनकी औषधि, सूक्ष्म रसायन, कृषि रसायन एवं सुगंध उद्योगों के क्षेत्र में महती उपयोगिता है (चित्र 54 एवं 55)। संस्थान को इस शोधकार्य हेतु यूएस पेटेन्ट (यूएस 7, 294, 745 नवंबर, 2007) भी प्राप्त हुआ है।

चित्र–54

चित्र–55

2. क्लीन व्हाइट चॉक : सीएसएमसीआरआई ने उन्नत क्ले का बंधक के रूप में उपयोग करके उच्च गुणवत्तायुक्त "क्लीन व्हाइट

चॉक'' का उत्पादन करने की प्रक्रिया विकसित की है। विशेष गुणवत्ता वाला यह चॉक (चित्र 56), रजकण रहित, टिकाऊ, चिकनी सतहवाला तथा उपभोक्ता स्नेही है। यह जिप्सम चॉक की तुलना में कई गुणा श्रेष्ठ है।

चित्र 56

3. ऑक्सीजन की ग्रामीण क्षेत्रों में आपूर्ति : सामान्यतया ग्रामीण दूर–दराज के क्षेत्रों में स्थित अस्पतालों में ऑक्सीजन की आपूर्ति थोड़ी कठिन होती है। अतः सीएसएमसीआरआई ने वायु से नाइट्रोजन एवं ऑक्सीजन पृथकन की हरित रसायन युक्त सुगम विधि विकसित की है जिससे नाइट्रोजन एवं ऑक्सीजन का आसानी से पृथकन कर दूरस्थ क्षेत्रों में ऑक्सीजन की आपूर्ति की जा सकती है। वस्तुतः यह संस्थान की जियोलाइट अधिशोषण के क्षेत्र में दक्षता का परिणाम है। संस्थान को इस कार्य हेतु यूएस पेटेन्ट (यूएस 7, 310, 082 जनवरी, 2008) भी प्राप्त हुआ है।

4. बायोडीजल : वर्तमान में बढ़ती हुई पेट्रोल एवं डीजल की कीमतों से राहत प्राप्त करने तथा इनसे हो रहे वायुमंडल में कार्बन के उत्सर्जन को रोकने की दिशा में सीएसआई आर – सीएसएमआरआई, भावनगर ने हरित रसायन को बढ़ावा देकर बायोडीजल तैयार कर संपूर्ण देश में ऊर्जा–संकट से निजात पाने का अनुकरणीय कार्य किया है।

इस संस्थान के वैज्ञानिकों ने 'जेट्रोफा कुर्कस, जो कठोर एवं बारहमासी वृक्ष है, आसानी से उग सकता है, पशु भी इसे नहीं खाते हैं, सूखा, ठंडा, तूफान तथा अकाल सहन करने में सक्षम है तथा इससे अखाद्य तेल मिलता है, के विविध गुणों का अन्वेषण कर इससे बायोडीजल बनाकर संपूर्ण देश में कीर्तिमान स्थापित किया है।

वस्तुतः बायोडीजल किसी भी वनस्पति तेल से बनाया जा सकता है। इन तेलों को विशेष रासायनिक क्रिया (ट्रांसएस्टरीकरण) द्वारा बायोडीजल में बदला जा सकता है। बायोडीजल के कई गुण हैं, यथा – यह विषैला नहीं होता है, जैव निम्नीकृत है, पर्यावरण स्नेही ईंधन, सल्फर तथा ऐरोमेटिक्स का अभाव तथा इसे बिना किसी परिवर्तन किए ही डीजल इंजनों में प्रयोग कर सकते हैं। जेट्रोफा के बीज से बायोडीजल बनाने के दौरान प्राप्त उप उत्पादों की उपयोगिता से कीमत में भी लाभ होता है। इसके उप उत्पादों में खली साबुन और ग्लिसरॉल आदि है (चित्र 57, 58, 59), जो उपयोगी है। संस्थान के वैज्ञानिकों ने इन उप उत्पादों से पॉलि हाइड्रॉक्सीअल्केनेट (पीएचए) का उत्पादन किया है जो अंततोगत्वा जैव निम्नीकृत प्लास्टिक के निर्माण में सहायक होगा। संस्थान को इस महत्वपूर्ण शोधकार्य हेतु यूएस पेटेन्ट भी प्राप्त हुआ है (यूएस 7, 666, 234 फरवरी 2010)।

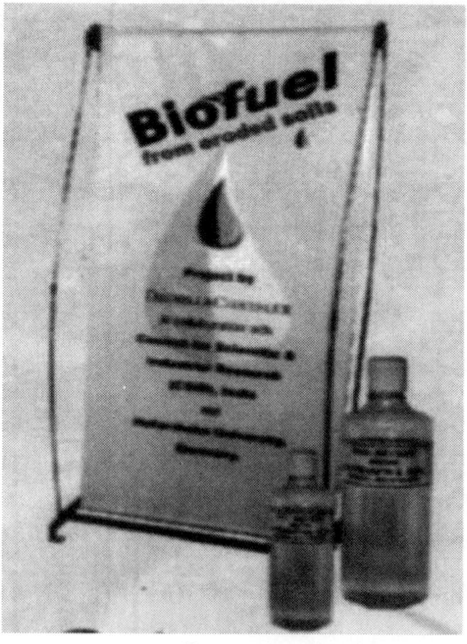

चित्र–57

चित्र–58

चित्र 59. बायोडीजल के उप–उत्पाद

5. हरित ब्रोमीन सीएसएमसीआरआई के वैज्ञानिकों ने कम लागत पर ब्रोमाइड ब्रोमेट (2:1) प्रतिकर्मक तैयार किया है। इसे द्रव ब्रोमीन भी कहते है। वस्तुतः देश में मात्र यही एक ऐसा संस्थान है जिसने जीआरके (Greater Rann of Kutch) पर उपलब्ध प्राकृतिक बिटर्न का दोहन किया है। इस प्रतिकर्मक (चित्र 60) का स्वस्थाने आम्लीकृत करने पर हाइपोब्रोमिक अम्ल (HOBr) उत्पन्न होता है, जो कि ब्रोमीनीकरण की क्रिया को प्रभावित करता है (चित्र 60)। इस हरित ब्रोमीन की चिकित्सा एवं औद्योगिक क्षेत्र में महती उपयोगिता है। सीएसआईआर – सीएसएमसीआरआई को इस उच्च स्तरीय शोध हेतु

यूएस पेटेन्ट (यूएस 6, 740, 253 मई 2004) भी प्राप्त हुआ है। वस्तुतः यह हरित रसायन आधारित प्रक्रम है।

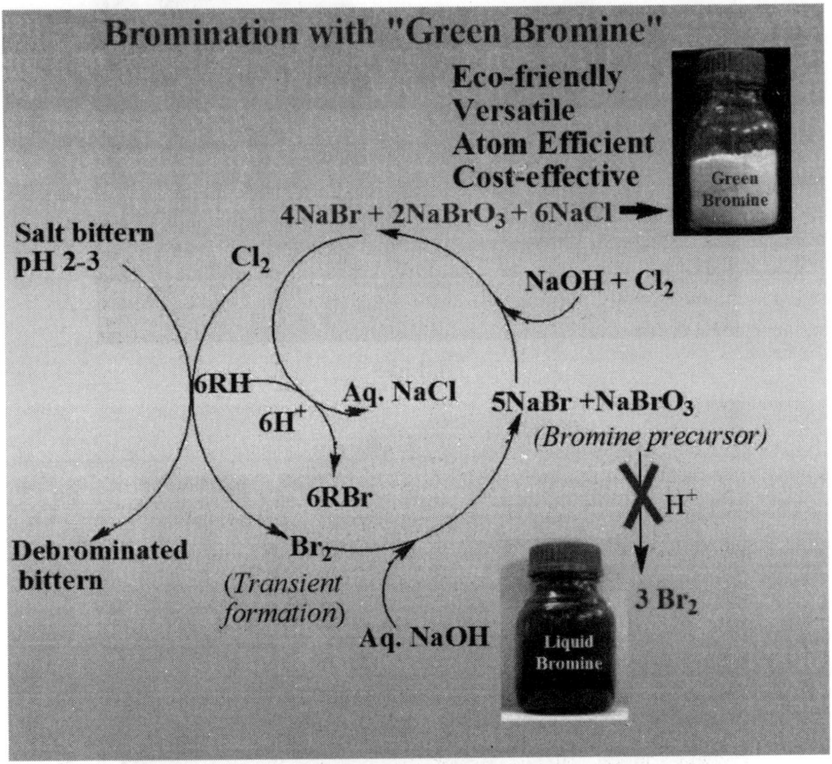

चित्र 60

6. अकार्बनिक रसायनों का उत्पादन : केन्द्रीय नमक एवं समुद्री रसायन अनुसंधान संस्थान, भावनगर के वैज्ञानिकों ने हरित रसायन का प्रयोग कर अतिशुद्ध नमक प्राप्त करने की विधि विकसित की है। इस विधि से बनाया गया नमक (चित्र 61) विश्व में आज तक बने हुए सभी नमक की तुलना में सर्वश्रेष्ठ है। यह पद्धति सरल, सहज, किफायती तथा किसी भी सौर नमक प्रतिष्ठान पर उपादेय हो सकती है। इस संस्थान को इस क्षेत्र में भी यूएस पेटेन्ट (यूएस 8, 021, 442 सितंबर, 2011) प्राप्त हुआ है।

नमक के अतिरिक्त इस संस्थान के वैज्ञानिकों ने सोडाएस, पोटैशियम रसायन तथा रिफेक्ट्री ग्रेड का मैग्नेशिया प्राप्त करने की सरल विधि (चित्र 62) विकसित की है।

चित्र 61

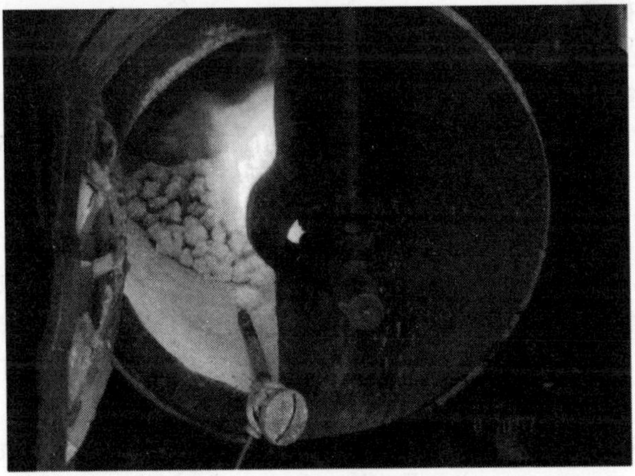

चित्र 62

भारतीय उद्योग में हरित रसायनविज्ञान

हरित रसायन विज्ञान की स्थापना से देश में स्वच्छ पर्यावरण और आर्थिक उन्नति के सुरक्षित द्वार खुल रहे हैं और ऐसी संकल्पनाएं हैं कि अनुसंधान व शैक्षिक जगत के साथ मिलकर उद्योग भी साथ कार्य करेंगे। हाल ही में एस॰एम॰एस॰ फार्मास्युटिकल लिमिटेड एवं भारतीय प्रौद्योगिकी संस्थान, गुवाहाटी ने संयुक्त रूप से हरित रसायन विज्ञान के क्षेत्र में सफलता अर्जित की है। इस प्रयास में एक उत्प्रेरक

हरित विधि (कैटेलिटिक ग्रीन मेथड) का विकास किया गया है जो रेनिटिडीन क्षारक के निर्माण के समय उत्पन्न दुर्गंधयुक्त एवं जहरीली गैस मिथाइल मरकैप्टन को उपयोगी सह–उत्पादों में रूपांतरित कर देती है तथा ये इसी प्रक्रिया में पुनर्चक्रित हो जाते हैं। इस प्रकार के विषैले उत्सर्जन अन्य औषधियों या मध्यवर्ती निर्माणों में भी होते हैं जिन पर उत्प्रेरक हरित विधि कारगर है।

रेनिटिडीन हाइड्रोक्लोराइड सामान्यतः अल्सररोधी औषधियों में प्रयुक्त होता है। भारत में रेनिटिडीन हाइड्रोक्लोराइड लगभग 6 उद्योगों में निर्मित किया जाता है। हैदराबाद स्थित एस॰एम॰एस॰ फार्मास्युटिकल कंपनी देश में रेनिटिडीन हाइड्रोक्लोराइड की सबसे बड़ी निर्माता कंपनी है, जो कि देश एवं दुनिया के अनेक देशों को इसकी आपूर्ति करती है। इस कंपनी की सबसे बड़ी समस्या रेनिटिडीन हाइड्रोक्लोराइड उत्पादन के दौरान संयंत्र से बड़ी मात्रा में मिथाइल मरकैप्टन का उत्पन्न होना था, जो कि एक वाष्पशील द्रव है जो शीघ्र ही आस–पास के तापमान एवं दाब पर दुर्गंध पैदा करता है। वस्तुतः मिथाइल मरकैप्टन स्वास्थ्य के लिए हानिकारक होता है जो सिरदर्द, चक्कर आने की बीमारी, मिचली, श्वसन संबंधी बीमारियां और यहाँ तक कि बेहोशी की स्थिति भी उत्पन्न करता है। अतः इसके नियंत्रण से ही पर्यावरण व मानव सुरक्षा संभव थी।

इस ज्वलंत समस्या का समाधान निकालने में एस॰एम॰एस॰ फार्मास्युटिकल कंपनी और भारतीय प्रौद्योगिकी संस्थान, गुवाहाटी के प्रो॰ मिहिर के॰ चौधरी का योगदान सराहनीय रहा; जिसके कारण रिनेटिडीन हाइड्रोक्लोराइड उत्पादन की प्रक्रिया स्वच्छ व पर्यावरण अनुकूल बन सकी। इन वैज्ञानिकों ने सर्वप्रथम मिथाइल मरकैप्टन को डाइमिथाइल सल्फाइड में परिवर्तित किया, जिसे कि उत्प्रेरक द्वारा गंध रहित डाइमिथाइल सल्फॉक्साइउ में एक निश्चित मात्रा में सुनियोजित तरीके से बदला गया। डाइमिथाइल सल्फॉक्साइड रेनिटिडीन हाइड्रोक्लोराइड के उत्पादन में कच्चे माल के तौर पर प्रयुक्त होता है। इस प्रकार हरित रसायन विज्ञान की इस सफलता से एक जटिल पर्यावरणीय समस्या का न केवल निदान ही हुआ वरन् इस उद्योग में कार्यरत कर्मियों को विषैली गैस के भय से मुक्ति मिली।

वस्तुतः हरित रसायन विज्ञान बहु–विषयक अनुसंधान निपुणता के संघटन का मार्ग प्रशस्त करता है। यह वैज्ञानिक रूप से खरा तथा

पर्यावरण की रक्षा करने वाला विज्ञान है। इस उदीयमान विज्ञान के क्षेत्र से निश्चित रूप से वैज्ञानिक, आर्थिक तथा मानवीय विकास को बढ़ावा मिलेगा। वस्तुतः पर्यावरणीय संरक्षण के साथ प्रौद्योगिकी विकास आज की सबसे बड़ी चुनौती है तथा हरित रसायन विज्ञान इसका एक सफल उपाय साबित हुआ है। आज इस बात की प्रबल आवश्यकता है कि शिक्षा, अनुसंधान व उद्योग में हरित रसायन विज्ञान को प्रमुखता से स्थापित किया जाए और विद्यालयों – महाविद्यालयों के पाठ्यक्रमों में इसे स्थापित किया जाए। सुरक्षित भविष्य एवं स्वच्छ पर्यावरण के परिमाण को संजोए हरित रसायन विज्ञान भविष्य का विज्ञान साबित हो रहा है।

विभिन्न कौतूहलों में छुपा रसायन विज्ञान

जैसा कि वर्णित किया जा चुका है रसायन विज्ञान, समस्त विज्ञान की शाखाओं का सिरमोर है। यह अपने आप में विलक्षण, रोचक तथा अनेक रहस्योद्घाटन करने वाला विज्ञान है। तो आइए! कुछ महत्वपूर्ण रहस्यों में छुपे रसायनों के बारे में जानें।

1. आतिशबाजी में रसायनों का करिश्मा

आतिशबाजियों के निर्माण तथा उपयोग की तकनीक को "पायरोटैक्नीक" या अग्निक्रीड़ा कहते हैं। आतिशबाजियों में साधारण रूप से प्रयोग किए जानेवाले विस्फोटक पदार्थों में डेक्सट्रिन, चारकोल, रेडगम, ऐलुमीनियम, टाइटेनियम तथा मैग्नीशियम जैसे धात्विक ईंधन सम्मिलित होते हैं। बहुतायत में उपयोग किए जाने वाले ऑक्सीकारकों में पोटैशियम परक्लोरेट तथा अमोनियम परक्लोरेट मुख्य होते हैं। जैसे ही आतिशबाजियों में कवच पर आग लगाई जाती है तो ईंधन व ऑक्सीकारक 2200° से 3600° तापमान के बीच आपस में क्रिया करते हैं, जिससे आवाज होती है।

आतिशबाजी के कवच में प्रयुक्त होनेवाला दूसरा रचक गन पाउडर या आग्नेय चूरन होता हैं, जो कवच को आकाश की ओर धकेलने तथा ऊपर हवा में विस्फोट करने के लिए प्रयोग किया जाता है। यह गन पाउडर साल्टपीटर (पोटैशियम नाइट्रेट) गंधक तथा चारकोल का बना मिश्रण होता है। इसी प्रकार अनार के लिए पीली

रेत तथा सीटी के लिए पोटैशियम पिकरेट को जलाया जाता है। इन आतिशबाजियों को रंगीन बनाने के लिए कई रासायनिक यौगिकों को मिलाया जाता है; यथा – स्ट्रांशियम कार्बोनेट से लाल, नाइट्रेट अथवा क्लोरेट से हरा, ताम्र लवणों से नीला, सोडियम से पीला एवं लौह से नारंगी बनाया जाता है।

आतिशबाजी में लगाया जानेवाला कागज जिसे 'टच पेपर' कहते हैं, पोटैशियम नाइट्रेट में अच्छी तरह भिगो दिया जाता है, जिससे वह आतिशबाजी को ज्वलनशील बना देता है।

इनमें आर्सेनिक और एंटिमनी के यौगिक चमकदार सफेद रोशनी देकर जलते हैं (चित्र–63)।

चित्र – 63. आतिशबाजी के रसायन

2. मेहंदी के रंग में रसायन

मेहंदी की पत्तियों में एक विशेष प्रकार का रंजक रसायन (Dye) होता है, जिसे लॉसोन कहते हैं। यह नेफ्थाक्विनोन वर्ग का एक रसायन होता है तथा इस रसायन के कारण ही हमारे हाथ मेहँदी से लाल हो जाते हैं (चित्र–64)।

हमारे हाथों पर जब मेहँदी लगाई जाती है तो हाथ की त्वचा पर विद्यमान प्रोटीन के धागों का जाल, जो कुछ विशेष प्रकार के एमीनो अम्लों से बना होता है, इस रंजक रसायन से अभिक्रिया करके लाल रंग का एक जटिल यौगिक बनाता है, जिसके कारण हमारे मेहँदी लगे अंग लाल हो जाते हैं तथा यह कई दिनों तक रक्तावस्था में रहते हैं।

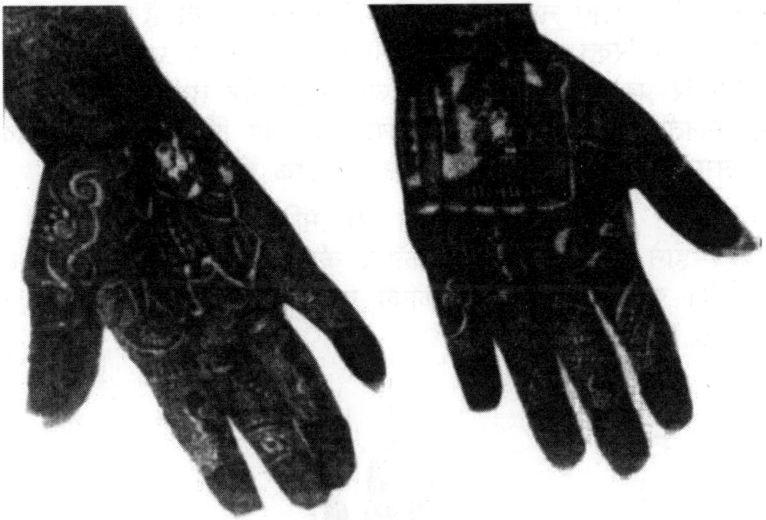

चित्र–64.

3. अधिक चाय का कहर

सुबह उनींदी आँखें खोलते ही गरम चाय या कॉफी का प्याला मिल जाए तो उसे पीने के थोड़ी देर बाद ताजगी महसूस होती है। इससे सुस्ती भी दूर हो जाती है तथा प्रसन्न मन से अपने कार्य में जुटा जा सकता है।

मनुष्य के शरीर में होनेवाले ऐसे परिवर्तनों के लिए जिम्मेदार है – कैफीन नामक एल्केलायड। यह 160 से भी अधिक वनस्पतियों में पाया जाता है। मनुष्य हजारों वर्षों से इसका उपयोग करता आ रहा है। जो चॉकलेट, कोला या अन्य पेयों का उपयोग करते हैं, वे भी कैफीन ग्रहण करते हैं। आखिर, कैफीन की क्या विशेषता है?

हमारे मस्तिष्क में एडिनोजोन एक संदेशवाहक रसायन होता है। कैफीन तथा एडिनोजोन की रासायनिक संरचना में बहुत समानता है। जब निरंतर संदेश ग्रहण करते–करते एडिनोजोन के अणु उन कोशिकाओं में भर जाते हैं तो वे मानसिक क्रियाओं को ठप्प कर देते हैं। कैफीन इन संदेशग्राहक कोशिकाओं में प्रवेश करके एडिनोजोन को निष्क्रिय बना देता है। इससे मस्तिष्क में उद्दीपन रसायन असंतुलित हो जाते हैं तथा मस्तिष्क की कोशिकाएँ कैफीन एवं एडिनोजोन को

स्थान देने के लिए नई संदेशग्राहिकाएँ बनाने लगती हैं। अतः कैफीन न मिलने पर रिक्त कोशिकाओं में भी एडिनोजोन भर जाता है। कैफीन का निरंतर प्रयोग करनेवालों को जब बहुत देर तक चाय या कॉफी नहीं मिलती है तो उनमें सुस्ती, सिरदर्द तथा निद्रा के लक्षण प्रकट होने लगते हैं तथा इसकी पूर्ति होने पर ठीक हो जाते हैं।

कैफीन के लगातार प्रयोग से मस्तिष्क के संदेशवाहक के निष्क्रिय होने तथा चाय तथा कॉफी की लत पड़ने का खतरा बना रहता है। इसीलिए चाय या कॉफी का प्याला जहर का प्याला बन सकता है (चित्र–65)।

चित्र – 65.

4. गिरगिट का रंग बदलते रसायन

प्रकृति ने भी जीवों को अपनी रक्षा करने हेतु अनोखी शक्ति प्रदान की है। कोई कीट–पतंग अपना रूप बदलकर, तो कोई रंग बदलकर अपने जीवन की रक्षा करते हैं।

गिरगिट भी ऐसा ही रेंगनेवाला जीव है, जो जिस स्थान पर बैठता है, उसी स्थान के रंग के अनुसार अपना रंग भी बदल लेता है; जिससे शत्रु इसको आसानी से न देख सके। इन प्राणियों की त्वचा में कुछ विशेष प्रकार की रंजक कोशिकाएँ अथवा मैलेनोफोर होती हैं जो तापमान बढ़ने तथा घटने के साथ–साथ सिकुड़ती व फैलती हैं। ये

कोशिकाएँ, इनके शरीर में स्रावित होनेवाले कुछ हारमोनों द्वारा उत्तेजित होकर रंग बदलती हैं। ये हारमोन इंटरमेडिन, एसीटिलकोलीन तथा एड्रीनेलिन हैं (चित्र–66)।

चित्र–66.

चमड़ी की ऊपरी सतह की कोशिकाएँ पीली, उसके नीचे गहरी भूरी तथा काले रंग की और सबसे नीचे सफेद रंग की होती हैं। तापमान कम होने से इनका रंग गहरा तथा तापमान बढ़ने से रंग हलका होने लगता है। पेड़ों पर चढ़नेवाले या उनमें प्रवास करनेवाले सरीसृपों में रंग बदलने की प्रवृत्ति अधिक होती है।

5. शाकीय घोल साँप भगाने में उपयोगी

मरुस्थलीय प्रदेशों में, जहाँ सैनिक तथा मजदूर प्रायः तंबुओं में रहते हैं, साँपों के आतंक का सामना करना पड़ता है, क्योंकि ये उनके तंबुओं में घुस जाते हैं। इस समस्या के निदान के लिए पुणे की नाशीजीव नियंत्रक इकाई ने एक ऐसा शाकीय (Herbal) घोल विकसित किया है जो साँपों को भगाने में उपयोगी है। यह घोल पर्यावरण तथा जंतुओं को कोई हानि नहीं पहुँचाता है।

इस हर्बल घोल को प्याज, लहसुन, हींग तथा कॉपर सल्फेट के द्वारा तैयार किया गया है। जिस स्थान से साँपों को दूर रखना हो वहाँ यह घोल छिड़क दिया जाता है। अनुसंधानों द्वारा विदित हुआ है कि साँप की ज्ञानेंद्रिय उसके मुँह में होती है तथा किसी वस्तु को जानने के लिए वह उस वस्तु को अपनी जीभ द्वारा मुँह में लाता है। इस हर्बल घोल के संपर्क में आते ही उसे चिड़चिड़ाहट होने लगती है तथा वह उस स्थान से भाग जाता है।

राजस्थान के रेतीले क्षेत्रों में, जहाँ जहरीले साँप होते हैं, इस शाकीय घोल द्वारा साँपों को भगाने में सफलता प्राप्त हुई है (चित्र–67)।

चित्र–67.

6. फूलों का रंग भगाने में रसायन का हाथ

रसायन विज्ञान की यह विलक्षणता है कि वह उभयचारी की तरह कार्य करता है। कहीं पर रंगहीन से रंगदार पदार्थ बनाना तो कही रंगदार से रंगहीन बनाना। इसी तरह देखा गया है कि हरे पीले, नीले फूलों की पँखुड़ियों को जब सल्फर डाइऑक्साइड तथा क्लोरीन से संपर्क करवाया जाता है तो ये गैसें फूलों का रंग उड़ा देती हैं (चित्र–68)।

चित्र–68.

इस गुण को विरंजन तथा इस क्रिया को विरंजन–क्रिया (Bleaching Action) कहते हैं।

$$\text{रंगदार पदार्थ} + Cl_2 / SO_2 \rightarrow \text{रंगहीन पदार्थ}$$

7. वृद्धावस्था की झुर्रियाँ भी रसायनों की देन

वृद्धावस्था में चमड़ी पर झुर्रियों का पड़ना एक आम बात होती है। यह चमड़ी की ऊपरी सतह में परिवर्तन के कारण पड़ती हैं। हमारी चमड़ी में उपस्थित ऊतक कोलेजन तथा इलास्टिन प्रोटीन फाइबर के बने होते हैं। ये त्वचा में खिंचाव बनाए रखते हैं। समय बीतने के साथ यह प्रोटीन फाइबर कम होने से अव्यवस्थित हो जाते हैं, जिससे चमड़ी में खिंचाव कम हो जाता है। उम्र बढ़ने के साथ–साथ चमड़ी भी सूखने लगती है, जिससे त्वचा तथा चेहरे आदि पर झुर्रियाँ पड़ जाती हैं (चित्र–69)।

चित्र–69.

8. जोंक के रक्त चूसने में रसायन

जोंक रक्त चूसने के लिए प्रसिद्ध परजीवी है। जब यह जानवर अपने मुख या बक्कल ग्रंथि से हिरुडीन नामक रासायनिक पदार्थ को स्रावित करता है तब फाइब्रिनोजीन, थ्रांबिन की क्रिया में बाधा डालकर रक्त को थक्का बनाने से रोकता है (चित्र–70)।

चित्र–70.

चूँकि हिरुडीन मूलतः थक्कारोधी पदार्थ है, अतः जब तक जोंक किसी प्राणी का रक्त चूसता है तब तक यह रक्त को जमने नहीं देता तथा खून बहता रहता है। जोंक के दूसरे प्राणी के शरीर से अलग होते ही रक्त के थक्के बनने की क्रिया आरंभ हो जाती है, जिससे खून बहना धीरे–धीरे बंद हो जाता है।

9. मेंढक से औषधियाँ

वैज्ञानिकों ने नवीनतम शोध परिणामों से पाया है कि मेंढक की पीठ पर दवाओं का भारी खजाना होता है। अमेरिका के स्वास्थ्य संस्थान के जॉन डेली तथा इनके सहयोगियों ने मेंढकों की एक रंगीन प्रजाति से 'इपीपेडोबेट्स' नामक दर्द निवारक ओषधि को अलग किया है। यह मार्फीन से दो गुना अधिक दर्दनाशक है।

चित्र–71.

यह औषधि एल्केलायड वर्ग का एक कार्बधात्विक पदार्थ है, जिसके निर्माण में क्लोरीन परमाणुयक्त पिरीडीन वलय तथा नाइट्रोजन सेतुयुक्त कार्बन के छः परमाणु भाग लेते हैं। आस्ट्रेलियायी मेंढकों की कुछ विशेष प्रजातियों की त्वचा से ऐसे रसायनों को प्राप्त किया गया है जिनका उपयोग प्रतिजैविक (एंटीबायोटिक) तथा विषाणु संक्रमण

अवरोधी ओषधियों के निर्माण में किया जा सकता है। एडीलेंड विश्वविद्यालय में कार्यरत रसायनज्ञ जॉन बोवी, डेविड स्टोन तथा माइकल टाइलर आदि वैज्ञानिकों ने इन मेंढकों की त्वचा के स्रावों में से सेरिन 1:1 नामक घटक का अन्वेषण किया है। यह घटक फोड़ों तथा त्वचा की अनेक बीमारियों को समूल नष्ट करने तथा हरपीज सिंहनेक्स नामक विषाणु से लड़ने में मनुष्य की सहायता करता है। कुछ वर्ष पूर्व अन्य वैज्ञानिकों ने मनुष्य के रक्तचाप को नियंत्रित रखने में प्रयुक्त 'सेरुलीन' नामक रसायन को भी इन्हीं स्रावों से पृथक किया था (चित्र–71)।

10. श्मशान में भूत

जब श्मशान भूमि में शव को जलाया जाता है तो उसकी हड्डियाँ जलकर फास्फोरस के रूप में परिणत हो जाती हैं, जो हवा से निरंतर ऑक्सीकृत होकर उजला धुआँ उत्पन्न करता है। इसी ऑक्सीकरण के कारण फास्फोरस रात में चमकता है, जिसे हम भूत समझ लेते हैं (चित्र–72)।

चित्र–72.

11. वनस्पति दूध

वनस्पति दूध विशेषकर मूँगफली, सोयाबीन, गाजर, शकरकंद, चुकंदर, पत्तागोभी, मटर इत्यादि से बनाया जाता है। ब्रिटेन के एक वैज्ञानिक डॉ॰ फ्रेंकलिन ने सिद्ध कर दिया है कि वे लगभग सभी हरी वनस्पतियों से दूध व दही तैयार कर सकते हैं। हमारे देश में खाद्य प्रौद्योगिकी संस्थान, मैसूर ने भी मूँगफली से दूध बनाया है।

इसमें मूँगफली को पानी में भिगोकर छिलके उतार कर बारीक लुगदी बनाते हैं तथा इसको सोडियम बाइकार्बोनेट वाले गरम पानी में लगभग दस मिनट भिगो लेते हैं। इसके पश्चात् निश्चित मात्रा में पानी मिलाकर दूध जैसा तरल बना लेते हैं तथा छान लेते हैं। थोड़ी मात्रा में नमक, चीनी व वनस्पति चरबी मिलाकर यह दूध तैयार कर लिया जाता है (चित्र–73)।

पौष्टिकता की दृष्टि से मूँगफली का दूध बहुत पौष्टिक होता है तथा इसकी आइसक्रीम भी बनाई जा सकती है। अतः अब ऐसे दूध का निर्माण हो जाने से जानवरों की देखभाल, चारा, डेयरी उपकरण आदि के प्रबंध से मुक्ति मिल गई हैं।

चित्र–73.

12. ऐलुमीनियम के बर्तन हानिकारक

आजकल घरों में एलुमीनियम के बरतनों तथा उससे बने अन्य सामानों का प्रचलन काफी बढ़ गया है। इसके कई कारण हैं। ये बरतन हलके, सस्ते, जंगरहित तथा प्रचुरता में उपलब्ध हैं। अभी हाल ही में विश्व–भर में ऐलुमीनियम धातु के इस्तेमाल पर हुए अनुसंधान से कुछ ऐसे तथ्य सामने आए हैं जिससे ज्ञात होता है कि खाने–पीने के बरतन के रूप में काम आनेवाली यह धातु मानव के स्वास्थ्य में जहर घोल रही है।

ऐलुमीनियम एक बहुत ही क्रियाशील धातु है। यह हवा में विद्यमान ऑक्सीजन से शीघ्र तथा आसानी से संयोग करके ऐलुमीनियम ऑक्साइड में ऑक्सीकृत हो जाती है, जो अत्यधिक पतली परत के रूप में बरतन की सतह पर जम जाती है तथा सफेद होने के कारण नजर भी नहीं आती।

जब यह परत खट्टे या अम्लीय, लवणयुक्त, क्षारीय आदि खाद्य पदार्थों से क्रिया कर उसमें तुरंत घुलकर भोजन के साथ हमारे शरीर में पहुँच जाती है तो अनेक रोगों को जन्म देती है।

आधुनिक अनुसंधानों द्वारा यह प्रमाणित किया जा चुका है कि ऐलुमीनियम खाद्य पदार्थों में विद्यमान पोषक तत्वों; जैसे विटामिन, लवण आदि से क्रिया करके उनके पोषक तत्त्वों को निष्क्रिय बना देती है। अतः ऐसे बर्तनों में कभी नमक तथा सोडा नहीं डालना चाहिए तथा न ही ऐलुमीनियम के बरतनों में चाय, दही, चटनी, सिरका, नींबू, फलों का रस, टमाटर, इमली इत्यादि ही डालनी चाहिए।

वैज्ञानिकों ने ज्ञात किया है कि चाय में ऐलुमीनियम की काफी मात्रा घुल सकती है। फ्लोराइडयुक्त पानी को ऐलुमीनियम के बरतन में उबालने पर पानी में काफी मात्रा में ऐलुमीनियम घुल जाती है। उस पानी को जिसमें फ्लोराइड की मात्रा एक भाग प्रति दस लाख भाग होती है ऐलुमीनियम के बरतन में उबालने से उसमें 220 भाग प्रति दस लाख भाग तक ऐलुमीनियम घुल सकती है।

चिकित्सकों के अनुसार, उच्च ऐलुमीनियम युक्त भोजन खाने या चाय पीने से मस्तिष्क की कोशिकाएँ नष्ट हो जाती हैं तथा डेमेंटिया नामक रोग हो जाता है। इस रोग में मनुष्य अपनी स्मरण शक्ति खो देता है तथा उसके सोचने की शक्ति क्षीण हो जाती है। अतः हमें

ऐलुमीनियम के बरतनों का खाना पकाने व चाय बनाने में प्रयोग नहीं करना चाहिए (चित्र–74)।

चित्र–74.

13. कलाई घड़ी का सुहाग लीथियम

कलाई घड़ी का सेल आकार में बटन के बराबर होता है, अतः यह 'बटन सेल' कहलाता है। अन्य सेलों की भाँति यह सेल दुबारा आवेशित नहीं किया जा सकता। यह सेल रासायनिक ऊर्जा को वैद्युत् ऊर्जा में बदलता है। इस सेल की विशेषता है कि अन्य सेलों की अपेक्षा इसकी वोल्टता अधिक होती है। इसलिए घड़ी में लगा बटन सेल अधिक समय तक चलता है (चित्र–75)।

इन सेलों में लीथियम ऋणात्मक इलैक्ट्रोड का काम करता है तथा धनात्मक इलैक्ट्रोड के लिए किसी भी ऑक्सीकारक का प्रयोग किया जा सकता है। वस्तुतः लीथियम ही बटन सेल का रहस्य है तथा कलाई घड़ी का सुहाग है।

चित्र–75. घड़ी

14. हँसाने तथा रूलाने वाली गैसें

यह हँसानेवाली नाइट्रस ऑक्साइड गैस होती है। जब कोई व्यक्ति अधिक मात्रा में इस गैस को सूँघ लेता है तो वह उत्तेजित होकर जोर से हँसने लगता है, इसलिए इसे लॉफिंग गैस (Laughing Gas) कहते हैं। यह गैस दरअसल रक्त में मिलकर मस्तिष्क के हँसी केन्द्र को उत्तेजित करती है। इसका असर भी बहुत शीघ्र होता है तथा थोड़ी देर में ही समाप्त हो जाता है। अधिक मात्रा में सूँघने से कभी कभी हलका हिस्टीरिया का दौरा भी इससे पड़ जाता है।

नाइट्रस ऑक्साइड का आविष्कार ब्रिटेन के जोसफ प्रीस्टले ने वर्ष 1772 में किया था। वर्ष 1844 में हेरेस वाल्स ने इसे सर्वप्रथम निश्चेतक के रूप में प्रयोग किया तथा इसके असर से उसने बिना दर्द महसूस किए अपना दाँत निकाला था। यह निश्चेतक के रूप में भी प्रयोग में लाई जाती है। इस गैस का प्रभाव प्रत्येक जीव पर अलग–अलग होता है।

आपने सुना होगा कि पुलिस कानून व्यवस्था बनाए रखने हेतु अनियंत्रित भीड़ पर एक गैस छोड़ती है, जिससे लोगों की आँखों में आँसू आते हैं और लोग तितर–बितर हो जाते हैं। अतः ऐसी कौनसी गैस होती है जो रुला भी सकती है (चित्र–76)।

अश्रु गैस हैलोजनीकृत कार्बनिक यौगिक (नाइट्रिल ब्रोमाइड तथा एथिल आयोडोएसिटेट) होते हैं, जिससे आँखों में जलन होती है, फलतः आँखों में से आँसू बहने लगते हैं तथा थोड़ी देर पश्चात् कुछ भी दिखाई नहीं देता है। प्रायः इसका उपयोग पुलिस द्वारा भीड़ को तितर–बितर करने के लिए या युद्ध के दौरान किया जाता है।

चित्र–76.

15. करिश्में हारमोनों के

आपने देखा होगा कि कोई व्यक्ति बहुत बौना होता है, कोई 40 वर्ष का व्यक्ति मात्र 2 फीट लंबा तो कोई बहुत अधिक लंबा, किसी औरत के मूँछें, तो किसी पुरुष की स्त्रीगत आवाज। ये है विचित्र विडंबना। भाई! इन सभी पर हँसिए नहीं। ये ही तो हैं हारमोनों के करिश्मे।

हारमोन हमारे शरीर में अंतःस्रावी ग्रंथियों द्वारा बनाए जाते हैं। इन ग्रंथियों द्वारा किया गया रिसाव कोशिकाओं की कार्यपद्धति को प्रभावित करता है। वस्तुतः हारमोन शब्द ग्रीक भाषा के शब्द 'हारमोओ' से लिया गया है, जिसका अर्थ है – 'मैं उत्तेजित हूँ'।

वास्तव में हारमोन रासायनिक संदेशवाहक की तरह कार्य करते हैं। अंतःस्रावी ग्रंथियाँ शरीर के विभिन्न भागों में स्थित होती हैं। हमारे शरीर में बननेवाले कुछ महत्वपूर्ण हारमोन हैं – एड्रिनल, थायराइड, पैराथायराइड, यौन अवयवों संबंधी, अन्ननली के हारमोन तथा आमाशय के हारमोन।

थायराइड ग्रंथि शरीर के विकास, परिवर्तन तथा चयापचय की क्रिया का संचालन करती हैं। पुरुषों तथा महिलाओं के यौन अवयवों

के हारमोन – टेस्टोइस्टोरॉन तथा एस्ट्रोजन बहुत महत्त्वपूर्ण होते हैं तथा पूरे शरीर को प्रभावित करते हैं। कभी–कभी पुरुषों में भी एस्ट्रोजन की मात्रा बढ़ जाती है जिससे उनमें भी स्त्रीगत लक्षण दिखाई देते हैं विशेषकर आवाज आदि में। इसके विपरीत स्त्रियों में भी टेस्टोइस्टेरॉन की मात्रा बढ़ने पर दाढ़ी–मूँछें भी आ जाती हैं (चित्र–77)।

चित्र–77.

मनुष्य के अतिरिक्त पौधों में भी अनेक जैव क्रियाओं; यथा– अंकुरण, वृद्धि, फूलों तथा फलों का लगना तथा नियमन व नियंत्रण हारमोनों के द्वारा ही होता है। ये पाँच प्रमुख वर्ग के होते हैं – ऑक्सिन, जिबरेलीन, साइटोकाइनिन, एबसिसिक अम्ल तथा इथाइलीन।

16. सावधान! सौन्दर्य प्रसाधनों से

सौंदर्य प्रसाधन, त्वचा क्रीम या ओषधीय उत्पाद खरीदें तो उसके ऊपर लगे लेबल को ध्यान से देख लेना चाहिए। इनमें से कुछ में फार्मेल्डीहाइड हो सकता है, जिसे अब कैंसरकारक रसायन के रूप में पहचाना गया है। इसे इसके फार्मेलिन, मीथेनॉल तथा मिथाइल्डीहाइड जैसे व्यापारिक नाम से भी जाना जाता है।

फार्मेल्डीहाइड एक रंगहीन गैस होती है, जिसकी गंध तेज तथा त्रासद होती है। मूलतः इसका उपयोग कीटाणुनाशक तथा सैप्टिक विरोधी दवाओं के रूप में किया जाता था। यह गैस जल में घुलनशील होती है। वर्तमान में इसका उपयोग शैंपुओं, एंटीसैप्टिक क्रीमों तथा परिरक्षकों में व्यापक रूप से किया जाता है। नाखूनों को सख्त बनाने वाले घोलों तथा स्नानागार में प्रयुक्त होने वाले पदार्थों में भी इसका उपयोग होता है। सिगरेट के धुएँ में जो घातक तत्त्व होते हैं उनमें भी यह प्रमुख है।

उद्योगों में इस रसायन का उपयोग कपड़ों को सलवट रहित करने, चमड़ा पकाने, प्लाइवुड़ को आपस में चिपकाने जैसे कार्यों के लिए व्यापक रूप से किया जाता है। इस रसायन के उपयोग की अनुमेय सीमा प्रति दस लाख भाग मे 3 पी॰पी॰एम॰ है। काफी समय तक इसके संपर्क में आने से श्वासनली में सूजन, खाँसी, दमा, चर्मरोग तथा एलर्जी इत्यादि हो जाते हैं। तो भाई, इन रसायनों से दूर ही क्यों न रहें (चित्र–78)।

चित्र–78.

17. फोटोग्राफी का रहस्य

फोटोग्राफी तथा प्रकाश–संश्लेषण में प्रकाश रसायन की महती भूमिका देखी गई है। सामान्य फोटोग्राफी में सिल्वर हैलाइडों पर

प्रकाश क्रिया का उपयोग किया जाता है। इसी तरह आजकल रंगीन फोटोग्राफी का भी प्रचलन है।

रंगीन फिल्म अनेक सिल्वर लवणों के इमल्सनों से बनती है। इनमें से प्रत्येक इमल्सन एक प्राथमिक रंग के प्रति संवेदनशील होता है। कोई भी रंग प्राथमिक रंगों–लाल, हरा तथा नीला; में टूट जाता है। प्रथम इमल्सन नीले प्रकाश के प्रति संवेदनशील होता है। द्वितीय इमल्सन हरे प्रकाश के प्रति तथा तीसरा लाल के प्रति संवेदनशील होता है। इस तरह हर इमल्सन प्रकाश के किसी रंग को ग्रहण करता है तथा यही रंगीन फोटोग्राफी का रहस्य है (चित्र–79)।

चित्र–79.

18. आँसू की संरचना

सामान्य अवस्था में हमारी आँख में विद्यमान अश्रुग्रंथियाँ कुल मिलाकर सोलह घंटे के जागरण के दौरान 600–700 मि॰ग्रा॰ आँसू स्रावित करती हैं।

रासायनिक संघटक की दृष्टि से हमारे आँसुओं के द्रव में प्रोटीन, नाइट्रोजन, यूरिया, ग्लूकोज, सोडियम तथा पोटैशियम के ऑक्साइड, अमोनिया, क्लोरीन एवं सोडियम क्लोराइड जैसे रसायन उपस्थित होते

हैं। इसके साथ ही आँसुओं में लाइसोजाइम नामक एंजाइम भी होता है। यह एंजाइम आँखों में पहुँचने वाले हानिकारक जीवाणुओं को नष्ट करता है।

रोते समय आँसुओं को बहाने से मनुष्य को मानसिक तनाव से राहत मिलती है। हमारी आँखों के संपर्क में आनेवाली वायु में घुले कई उद्दीपकों के कारण भी अश्रुग्रंथियाँ उत्तेजित होकर अधिक आँसुओं का स्राव करती है। छींकने, खाँसने, वमन करते समय, तेज रोशनी देखते समय, अत्यधिक मिर्च–मसालेयुक्त भोजन खाने तथा अत्यधिक हँसी आने से भी आँखे आँसुओं से भर जाती हैं।

वैज्ञानिकों का मत है कि अत्यधिक हर्ष या विषाद की अवस्था में हमारे मस्तिष्क के एक छोटे से हिस्से हाइपोथैलेमस में उत्पन्न आवेग ही अश्रुग्रंथियों को अधिक आँसू स्रावित करने के लिए उत्तेजित करते हैं (चित्र–80)।

चित्र–80.

19. पानी की करामात से कुबड़ापन

भाई! हमारे कुबड़ेपन पर मत हँसिए। हम जन्म से कुबड़े या विकलांग नहीं हैं, बल्कि पानी की करामात ने हमें कुबड़ा तथा भद्दे दाँतोंवाला बना दिया है।

पानी न जाने कितनी ही बीमारियाँ हमें दे देता है, जब उसमें खनिज लवणों का सांद्रण अत्यधिक हो जाता है। कुबड़ेपन की बीमारी को फ्लोरोसिस (Fluorosis) कहते हैं। यह पानी तथा भोजन में 1.5 मि॰ग्रा॰ से अधिक फ्लोराइड के सांद्रण से होती है।

फ्लोरोसिस भी दो प्रकार की होती है – दंत तथा अस्थि फ्लोरोसिस। बच्चों में प्रायः दंत फ्लोरोसिस होती है, जिसके कारण उनके दाँत चमकीले सफेद की जगह काले–भूरे हो जाते हैं तथा दाँतों का क्षय होने लगता है।

अस्थि फ्लोरोसिस का प्रभाव स्त्रियों की अपेक्षा पुरुषों में अधिक होता है। अस्थि फ्लोरोसिस में आरंभ में व्यक्ति की गरदन में दर्द तथा पीठ में अकड़न होती है। इसके बाद गरदन तथा पीठ को दाएँ–बाएँ या आगे–पीछे मोड़ने में कठिनाई होने लगती है। धीरे– धीरे टाँगों में परिवर्तन आने लगते हैं, घुटने मुड़ने लगते हैं तथा व्यक्ति ऊपर की ओर भी नहीं देख सकता। गंभीर अवस्था में रोगी इतना अक्षम हो जाता है कि वह शय्याग्रस्त ही रहता है (चित्र–81)।

चित्र–81.

20. पानी में आग लगानेवाली धातु

सोडियम धातु की पानी से बहुत घनिष्ठता है। अतः इसका पानी के साथ संयोजन होते ही हाइड्रोजन गैस तथा ऊष्मा भी काफी मात्रा में निकलती है। इस क्रिया को ऊष्माक्षेपी रासायनिक प्रतिक्रिया भी कहते हैं।

$$2Na+2H_2O = 2NaOH + H_2 \uparrow$$

इस क्रिया में मुक्त ऊष्मा ज्वलनशील हाइड्रोजन गैस को जलाने के लिए पर्याप्त होती है। इस कारण ही सोडियम के टुकड़े को पानी में डालने से आग लग जाती है। सोडियम धातु तथा पानी के मिलने की प्रतिक्रिया तीव्र होती है। अतः सोडियम धातु को हमेशा मिट्टी के तेल में या बेंजीन में रखा जाता है, जिनकी पानी में घुलनशीलता बहुत कम होती है (चित्र–82)।

चित्र–82.

21. जुगनू के चमकने का रहस्य

जुगनू में प्रकाश की उत्पत्ति का कारण एक जटिल रासायनिक प्रक्रिया है, जिसे जीव संदीप्ति कहते हैं। मोमबत्ती या विद्युत् बल्ब द्वारा उत्पन्न प्रकाश के विपरीत इस प्रक्रिया में कई पदार्थ तो प्रयुक्त होते हैं, परंतु ताप उत्पन्न नहीं होता है।

प्रकाश उत्पादन में काम आने वाला मुख्य पदार्थ लूसीफेरिन है, जिसका रासायनिक सूत्र $C_{13}H_{12}N_2S_2O_3$ होता है। यह प्रकाश उत्पादक अंग जुगनू के धड़ में स्थित रहता है। जब लूसीफेरिन

लूसीफेरेज एंजाइम, ऊर्जा संपन्न रसायन ए॰टी॰पी॰ (जो हर जीवित कोशिका में उपलब्ध होता है) तथा मैग्नीशियम ऑयन (Mg^{+2}) की उपस्थिति में ऑक्सीजन से क्रिया करता है, तो प्रकाश उत्पन्न होता है। यह देखा गया है कि इनमें से किसी भी पदार्थ की अनुपस्थिति में प्रकाशोत्पत्ति संभव नहीं होती है। जुगनू में रात को रुक–रुककर चमकनेवाला प्रकाश नाड़ियों द्वारा भेजे गए संवेदन पर भी निर्भर करता है।

कई विज्ञानवेत्ताओं के अनुसार, जुगनू अपनी सुरक्षा हेतु भी प्रकाश छोड़ता है। क्योंकि अँधेरे में जब जुगनू उड़ता है तो उसकी चमक भी कभी यहाँ होती है, तो कभी वहाँ। अतः इसका पीछा करनेवाले शत्रु भी असमंजस में पड़ जाते हैं कि वह अब कहाँ है। जुगनू की यह प्रवृत्ति श्वसन–क्रिया से भी जुड़ी हुई है। यह देखा जा चुका है कि जब जुगनू भीतर श्वास खींचता है तो प्रकाश उत्पन्न होता है तथा वह जब श्वास बाहर निकालता है तो प्रकाश बुझ जाता है। नर जुगनू 5.8 सेकंड में तथा मादा जुगनू 2.1 सेकंड के अंतर में प्रकाश छोड़ते हैं (चित्र–83)।

चित्र–83.

22. विश्व का सर्वाधिक मीठा पदार्थ भी रसायन

अभी हाल ही में हुए अनुसंधानों के आधार पर 'तालीम प्रोटीन' विश्व का सर्वाधिक मीठा पदार्थ है। यह अफ्रीका के एक पौधे 'थामाटोकोकम डेनीएलीकेबेरी' से प्राप्त होता है। यह चीनी से पाँच हजार गुना अधिक मीठा होता है। इसकी मिठास भी चीनी की मिठास से बिल्कुल भिन्न होती है।

तालीम प्रोटीन का स्वाद कुछ क्षण बाद प्रारंभ होता है, परंतु अधिक समय तक रहता है। वैज्ञानिकों का यह भी कथन है कि इस पदार्थ की थोड़ी–सी मात्रा किसी अन्य पदार्थ में मिलाने से वह पदार्थ स्वादिष्ट तथा सुगंधित बन जाता है।

साधारण रूप से तालीम प्रोटीन में प्रोटीन के ऊष्मीय गुण (4.1 के॰सी॰ए॰एल॰/कि॰ग्रा॰) उपलब्ध होते हैं। चूँकि यह चीनी से 5,000 गुना अधिक मीठा होता है, इसलिए इसकी मात्रा इतनी कम मिलाई जाती है कि पदार्थ पूरी तरह ऊष्मीय रहता है। उदाहरणार्थ तालीम प्रोटीन से बनी एक च्यूइंगम मे केवल 0.0012 के॰सी॰ ए॰एल॰एस॰ (ऊष्मा) होती है, जबकि चीनी से निर्मित च्यूइंगम में इससे एक मीठे फल के समान सात गुना अधिक होती है।

इस पदार्थ का उपयोग मधुमेह के रोगियों के लिए बनाए जानेवाले पदार्थों में भी किया जा सकता है तथा इसके उपयोग से कैंसर होने की संभावना भी नहीं रहती है।

23. धूप–छाँव का चश्मा भी रसायन की देन

आजकल धूप–छाँव के फोटोक्रोमेटिक चश्मे बनाए जाते हैं। वस्तुतः इन चश्मों में सिल्वर आयोडाइड या सिल्वर ब्रोमाइड के बारीक कण होते हैं। सूर्य की किरणें पड़ने पर सिल्वर आयोडाइड के कण सिल्वर तथा आयोडीन में अलग–अलग हो जाते हैं। इन्हीं सिल्वर के कणों से शीशे का रंग काला हो जाता है।

छाँव में लौटते ही यानी धूप से हटते ही अथवा सूर्य की किरणों के दूर होते ही सिल्वर के कण पुनः सिल्वर आयोडाइड या सिल्वर ब्रोमाइड बना लेते हैं। इन्हीं पदार्थों के विद्यमान होने से चश्मा दुरंगा होता है।

2 Ag Br   2 Ag + Br2

$2\,Ag + Br_2$ 2 AgBr

24. खाना पकाने की गैस–द्रव भी है

आजकल भोजनादि बनाने में गैस का प्रयोग ही प्रायः सभी जगह किया जाता है। खाना पकानेवाली गैस, जिसे लिक्वीफाइड पेट्रोलियम गैस (L.P.G.) कहते हैं, पेट्रोलियम से प्राप्त होनेवाले हाइड्रोकार्बनों का मिश्रण होती है। मुख्य रूप से इसमें प्रोपेन तथा ब्यूटेन गैसें होती हैं। इनके साथ प्रोपेन, ब्यूटेन तथा मीथेन जैसे हाइड्रोकार्बन भी मिले रहते हैं। इसे या तो प्राकृतिक गैस के विशेष यौगिकों द्वारा या फिर पेट्रोलियम के गैसीय यौगिकों से तैयार किया जाता है।

पेट्रोलियम के कुओं से मिलनेवाली प्राकृतिक गैसों के मिश्रण से अवशोषण द्वारा हलके प्रभाजों का मिश्रण प्राप्त होता है। इसमें से हाइड्रोजन सल्फाइड, कार्बन डाइऑक्साइड तथा पानी को निकालने के पश्चात् प्राप्त गैस चूल्हों में उपयोग के लिए प्रयोग की जाती है।

चित्र–84

पेट्रोलियम क्रैकिंग (पेट्रोलियम हाइड्रोकार्बनों को गरम करके तोड़कर अलग करना) द्वारा बड़े संयंत्रों में दूसरी विधि से भी एल॰ पी॰जी॰ तैयार की जाती है। यह अत्यंत प्रज्वलनशील तथा गंधहीन

होती है। रिसने पर इसका पता लगाना कठिन होता है, अतः सुरक्षा की दृष्टि से इसमें गंधयुक्त थायोएल्कोहल (मरकैप्टन) मिलाया जाता है, जिसके कारण एल॰पी॰जी॰ की परिचित गंध आती है (चित्र–84)।

सामान्य ताप तथा दाब पर एल॰पी॰जी॰ में प्रयुक्त हाइड्रोकार्बन गैसीय अवस्था में होते हैं। घरों में प्रयुक्त किए जानेवाले सिलेंडरों में इस मिश्रण को अत्यधिक दबाव पर भरा जाता है जिसके कारण यह द्रव तथा गैस की साम्यावस्था में रहता है।

25. फूलों में सुगंध का रहस्य

सभी फूलों में सुगंध उनमें पाये जाने वाले कुछ वाष्पशील कार्बनिक पदार्थों के कारण होती है। यह सुगंध न केवल फूलों में वरन् पौधों के अन्य भागों में भी पाई जाती है। कुछ पौधों की पत्तियाँ सुगंधित होती हैं तो कुछ की लकड़ी; यथा – पुदीने की पत्तियाँ सुगंधित होती है तथा चंदन की लकड़ी।

चित्र–85.

ये सुगंधित कार्बनिक पदार्थ पौधे में अनेक जैव रासायनिक क्रियाओं के फलस्वरूप बनते हैं तथा रासायनिक रूप से ये टर्पीन तथा बैंजीन के व्युत्पन्न होते हैं। तैलीय संघटन होते हुए भी ये वास्तविक

तेल नहीं होते हैं तथा वायु के संपर्क में आते ही उड़ जाते हैं। अनेकों इत्र भी इन्हीं सुगंधित पौधों से आसवन विधि द्वारा ही तैयार किए जाते हैं (चित्र–85)।

हमारी ज्ञानेंद्रियों में गंध से संबंधित ज्ञानेंद्री सबसे तीव्र होती है। गंध के लिए संवेदी रिसेप्टर तालु में, मस्तिष्क के फ्रंटल खंड के नीचे स्थित होते हैं। यहाँ पर ही घ्राण कोशिकाएँ पाई जाती हैं, जिनमें से प्रत्येक कोशिका में सूक्ष्म सिलिया पाए जाते हैं। जो भी गैसीय पदार्थ नासिका गुहा में जाता है वह सिलिया के चारों ओर की नमी में घुल जाता है। इसके बाद एक रासायनिक प्रतिक्रिया होती है, जो घ्राण कोशिकाओं को उत्तेजित कर देती है। ये संदेश घ्राण तंत्रिका तंतुओं द्वारा मस्तिष्क तक पहुँचाए जाते हैं, जिससे हमें गंध का आभास होता है।

26. कटे प्याज और आँख बहाए आँसू

प्याज को काटने का मौका जब आपको मिला होगा तो आँखों से आँसू अवश्य ही निकले होंगे। ऐसा प्याज के बल्ब तथा शाक में पाए जानेवाले सगंध आसव के कारण होता है। प्याज का तीखा स्वाद व गंध भी इसी आसव के कारण है।

असंतृप्त सल्फर अवयव; यथा – एल्काइल डाइ तथा ट्राइ सल्फाइड तथा कार्बनिक संघटक मुख्यतः प्याज की सुवास के कारण होते हैं। इन सभी अवयवों के साथ ही प्याज के रस में एक अश्रुजनक अवयक थायोप्रोपेनल – सल्फर ऑक्साइड ($CH_3CH_2CH{=}S{=}O$) का रूप सगंध तेल भी पाया जाता है, जो अश्रुगंधि को उत्तेजित करता है (चित्र–86)।

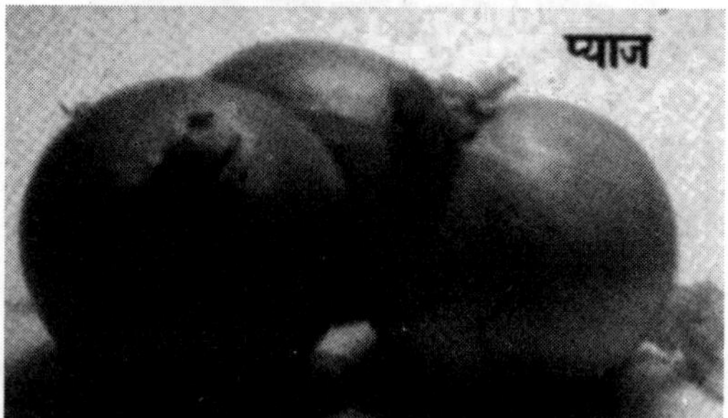

चित्र–86

अतः जब प्याज को काटा जाता है तब यह वाष्पशील पदार्थ हवा में मिलकर हमारी आँखों में आँसू लाता है। यदि प्याज को पानी में रखकर काटा जाए तो आँसू नहीं आएँगे।

27. कटा सेब बदरंग

सेब ऐसा फल है जो हर व्यक्ति को प्रिय है तथा चिकित्सक भी रोगी को कमजोरी की अवस्था में प्रतिदिन सेब खाने की सलाह देते हैं। जब हम सेब काटते हैं तथा कटे हुए गूदे को कुछ समय तक रखते हैं तो गूदे का रंग सफेद की जगह बादामी हो जाता है (चित्र–87)।

ऐसा इसलिए होता है कि सेब के गूदे में कुछ विशेष पदार्थ होते हैं, जिनको टेनिन कहा जाता है। इन टेनिनों के नाम – कैफीटेनिन, कैटीचिन तथा एपिकैटीचिन हैं। इसमें फीनोलिक यौगिक के रूप में क्लोरोजेनिक अम्ल भी पाया जाता है। सेब में फीनोलेज, पॉलीफीनोलेज, पॉलीफीनोल ऑक्सीडेज नामक एंजाइम होता है। ये एंजाइम रासायनिक क्रियाओं को तेज करने में सहायक होते हैं।

जब फीनोलेज व क्लोरोजेनिक अम्ल तथा थोड़ी मात्रा में कैटीचिन हवा के संपर्क में आते हैं तो फीनोलेज एंजाइम, क्लोरोजेनिक अम्ल तथा कैटीचिन का ऑक्सीकरण हो जाता है, जिससे सेब का रंग भूरा या बादामी हो जाता है। इसको रोकने के लिए 1–2 प्रतिशत लवण का घोल तथा एस्कार्बिक अम्ल का प्रयोग लाभदायक होता है।

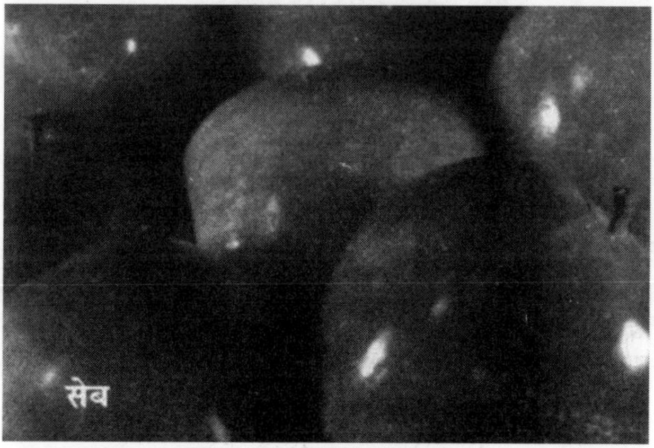

चित्र–87

28. अनोखी बुनकर मकड़ी

मकड़ी का जाला बहुत सुंदर एवं कलात्मक होता है। यकायक यह विश्वास ही नहीं होता कि कैसे यह जालीनुमा संरचना वह बनाती है तथा यह किस पदार्थ का बना होता है।

मकड़ी अपना जाला बुनने के लिए एक प्रकार का रेशमी धागा अपने शरीर से ही निकालती है जिसे 'स्पाइडर सिल्क' कहते हैं। यह रेशम जैसा धागा प्रोटीन से बना होता है और इसका निर्माण मकड़ी की रेशम ग्रंथियों या सिल्क ग्लेंड्स (Silk Glands) में होता है। मकड़ी के वर्ग में सात प्रकार की रेशम ग्रंथियाँ होती हैं। प्रत्येक प्रकार की ग्रंथि में अलग–अलग प्रकार का रेशम होता है। स्पाइडर रेशम पानी में नहीं घुलता है तथा ज्ञात प्राकृतिक रेशों में यही सर्वाधिक मजबूत रेशा होता है।

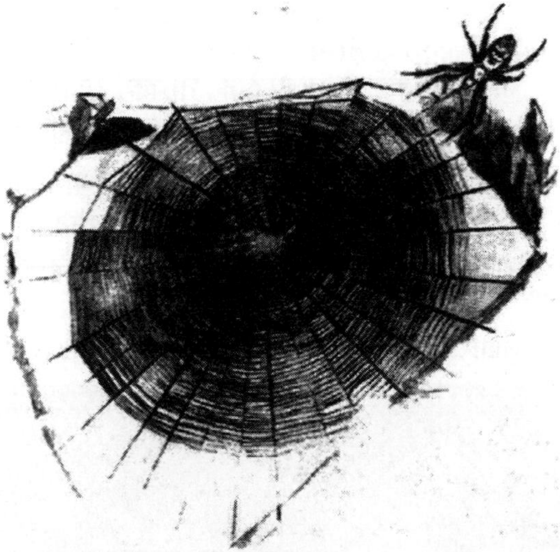

चित्र–88.

कुछ मकड़ियाँ तो ऐसा चिपचिपा रेशा बनाती हैं जो मोतियों की माला जैसा लगता है। कुछ जाति की मकड़ियों में रेशम बुनने के लिए एक विशेष प्रकार का अंग होता है जिसे 'क्राइबेलम' कहते हैं। यह एक अंडाकार चपटी प्लेट होती है जो स्पिनरेटों के ऊपर लगी होती है। इस प्लेट पर सैकड़ों स्पिनिंग ट्यूबें लगी होती हैं, जो चिपचिपे रेशम का अत्यधिक बारीक रेशा बनाती हैं (चित्र–88)।

29. मोती के संवर्धन में रसायन

मोती एक जैव उत्पाद है जिसे कुछ शुक्तियाँ सुरक्षा के लिए प्राकृतिक रूप से उत्पादित करती हैं। ये तब बनते हैं जब एक बाहरी पिंड जैसे कि बालू का कण शुक्ति के शरीर में प्रवेश करता है। शुक्ति बाहरी पिंड से बचने के लिए उस पर नेकर नामक पदार्थ का लेप कर देती है जो मूल रूप से कैल्सियम कार्बोनेट नामक रसायन होता है।

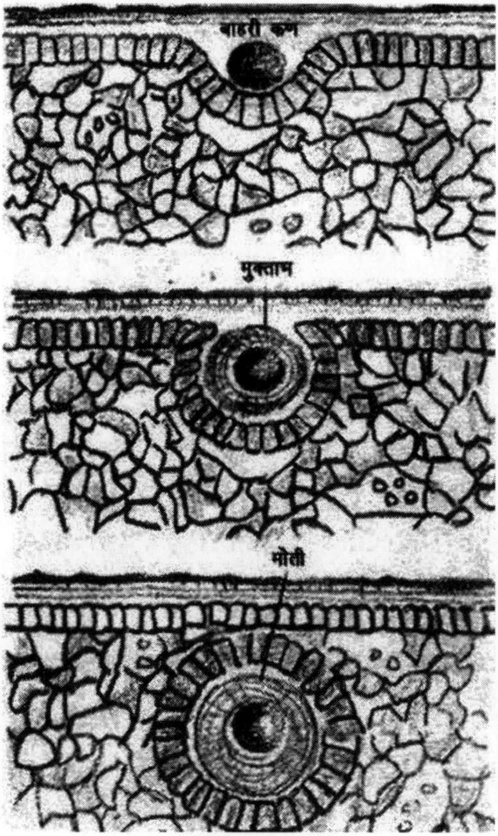

चित्र–89.

समय के साथ इन परतों के कारण मोती का आकार बढ़ता जाता है जब तक उन्हें बाहर न निकाल लिया जाए। मोती संवर्धित करने के लिए एक कृत्रिम क्षोभक को शुक्ति में रोपित किया जाता है। इसके बाद शुक्तियों को सावधानीपूर्वक विशेष संस्तरों में रखा जाता

है। संवर्धित मोतियों को सही आकार तक वर्धित होने में तीन से छः वर्ष का समय लगता है (चित्र–89)।

30. मिर्च खाइए आँसू बहाइए

गरम–गरम मिर्ची बड़े अथवा सलाद आदि में जब हरी या लाल तेज मिर्च चबाते हैं तो हमारी आँखों से आँसू निकलने लग जाते हैं। हमारी जीभ पर लगे स्वाद का पता लगाने वाली कलिकाएँ खट्टे, मीठे, नमकीन तथा तीखे स्वाद की अनुभूति कराती हैं।

मिर्च में विद्यमान कैप्सिसिन नामक पदार्थ उसका स्वाद तीखा बनाता है तथा इसकी वजह से म्यूकस मैंब्रेन में तेज जलन होती है। यही जलन हर उस जगह होती है जहाँ मिर्च शरीर के किसी भी संवेदनशील भाग के संपर्क में आती है। इस पदार्थ के जीभ के एक कोने पर लगने के तुरंत बाद तीखा लगने या जलन की अनुभूति इतनी तेज होती है कि उससे आँखों में आँसू तक आ जाते हैं (चित्र–90)।

चित्र–90

31. क्या होता है स्टेनलैस स्टील?

वस्तुतः स्टेनलैस स्टील लौह आधारित सभी मिश्र धातुओं के लिए प्रयोग किया जाने वाला सामान्य शब्द है जो अपने क्रोमियम अंश के

कारण जंग एवं संक्षारण प्रतिरोधी होता है। स्टेनलैस स्टील में आमतौर से 70–90 प्रतिशत लौह, 12–20 प्रतिशत क्रोमियम और 0.1–0.7 प्रतिशत कार्बन होता है। कार्बन की निम्न मात्रा के साथ 10 प्रतिशत से अधिक क्रोमियम अंश लोहे को जंगप्रतिरोधी बनाता है। स्टेनलैस स्टील की उन्नत किस्म प्राप्त करने के लिए निकिल, मॉलिब्डेनम भी मिलाए जा सकते हैं (चित्र–91)।

चित्र–91

32. कैसे पकते हैं फल?

कच्चे फल कड़े और हरे होते हैं और इनका स्वाद मैलिक, साइट्रिक और टारटेरिक आदि कार्बनिक अम्लों की उपस्थिति के कारण खट्टा या तिक्त होता है। इनमें पॉलिसैकेराइड नामक बड़े अणुओं वाले कार्बोहाइड्रेट्स बड़ी मात्रा में और प्रोटीन कम मात्रा में होते हैं। पकने की क्रिया को प्रेरित करने वाली इथिलीन गैस फलों से निर्गमित होती है और तेज एवं नाटकीय परिवर्तन लाती है। फलों का

हरा रंग गायब हो जाता है और लाल या पीले रंग के रंजक यथा एन्थोसायनिन और कैरोटिनायड बनने लगते है जिससे फलों को एक विशिष्ट रंग मिलता है। पॉलिसैकेराइड छोटे शर्करा अणुओं में टूट जाते हैं जिससे फलों का स्वाद मीठा हो जाता है। फल मुलायम भी होने लगते हैं। पकने के दौरान वाष्पशील पदार्थ बनने लगते हैं जिससे फलों में एक विशिष्ट खुश्बू आ जाती है (चित्र–92)।

चित्र–92.

33. बीजों के अंकुरण में रसायन

जब उपयुक्त तापमान (15.38° सेल्सियस), ऑक्सीजन की सही मात्रा और आर्द्रता उपलब्ध होती है तब बीज अंकुरित होते हैं। वे काफी मात्रा में जल अवशोषित कर फूल जाते हैं। कोशिकाओं में आर्द्रता अंश 10 प्रतिशत से बढ़कर 90 प्रतिशत या उससे अधिक हो जाता है। वृद्धि की विभिन्न अवस्थाओं को नियंत्रित और प्रेरित करने वाला वृद्धि हारमोन इन्डोल एसीटिक अम्ल, विभिन्न जीवन क्रियाओं को निर्धारित करता है। बीज के अंदर भ्रूण के वर्धित सिरों की कोशिकाएं तेजी से विभाजित होती हैं और मृदु बीज कवच से प्राथमिक मूल बाहर आती है। निरंतर होने वाले परिवर्तनों के फलस्वरूप प्ररोह निकलता है। बीजों के अंकुरण के लिए सदैव मृदा आवश्यक नहीं होती। उपयुक्त अवस्था होने पर बीज नम बालू, भूसे, दलदल, कपड़े या कागज में भी अंकुरित हो जाते हैं (चित्र–93)।

चित्र–93.

34. रंगीन साबुन के झाग सफेद

वसा और क्षार के जलअपघटन अथवा साबुनीकरण से साबुन बनाया जाता है। अतः साबुन मोनो–कार्बोक्सीलिक अम्लों के लम्बी श्रृंखला वाले क्षारीय धात्विक लवण हैं। साबुन के उत्पादन में जन्तु वसा यथा–टेलों अथवा वानस्पतिक तेलों जैसे नारियल का तेल, ताड़ का तेल, जैतून का तेल और अरंडी का तेल प्रयोग किया जाता है। क्षार के रूप में सोडियम हाइड्रॉक्साइड या पोटैशियम हाइड्रॉक्साइड का उपयोग होता है। इस प्रकार साबुन के अणुओं के दो भाग होते है। एक भाग (हाइड्रोकार्बन समूह) जलरागी और दूसरा (कार्बोक्सीलेट समूह) जल विरागी होता है। साबुन का जलरागी भाग पानी का पृष्ठ तनाव कम करता है और पानी की गीला करने की शक्ति को बढ़ाता है। इस प्रकार साबुन फेन या झाग बनाता है। साबुन को रंग देने के लिए साबुन निर्माण के समय पिगमेन्टों या वर्णकों और अम्लीय तथा क्षारीय रंजकों का उपयोग किया जाता है। ये रंजक उच्च शक्ति वाले होते है जो पानी में निलम्बित अवस्था में रहते हैं और झाग को रंग देने में असमर्थ होते हैं। त्वचा और कपड़ों में धब्बे छोडने की भी इनकी प्रवृत्ति नहीं होती। साबुन का झाग रंजकों के कारण नहीं वरन् साबुन के हाइड्रोकार्बन भाग के कारण होता है। इसीलिये साबुन चाहे जिस रंग का हो झाग हमेशा सफेद ही देता है (चित्र–94)।

चित्र–94.

35. क्या है ओजोन छिद्र?

पृथ्वी से 15–50 किमी॰ की ऊंचाई पर ओजोन की एक पतली परत पृथ्वी को घेरे है। इसकी सुरक्षात्मक उपस्थिति सूर्य की उच्च ऊर्जा वाली पराबैंगनी विकिरणों को अवशोषित कर जीवन की रक्षा करती है। 1987 में, पहली बार अंटार्कटिका में उस परत को घटते देखा गया। इसे ही ओजोन छिद्र कहा गया।

कुछ मानव निर्मित पदार्थ जो स्ट्रेटोस्फीयर में पराबैंगनी विकिरणों के सम्पर्क में आने पर क्लोरीन के परमाणु निकालते हैं, के कारण ओजोन के अणुओं के नष्ट होने से यह छिद्र बना है। क्लोरीन के परमाणु ओजोन के अणुओं से क्रिया करके उन्हें तोड़ देते हैं। हाल के वर्षों में आर्कटिक के ऊपर ओजोन छिद्र देखा गया है। ओजोन छिद्र उत्पन्न करने के लिए उत्तरदायी अनेक रसायनों में से, प्रशीतन उद्योग में व्यापक रूप से प्रयुक्त क्लोरोफ्लोरोकार्बन को इसके लिए मुख्य रूप से उत्तरदायी माना गया है (चित्र–95)।

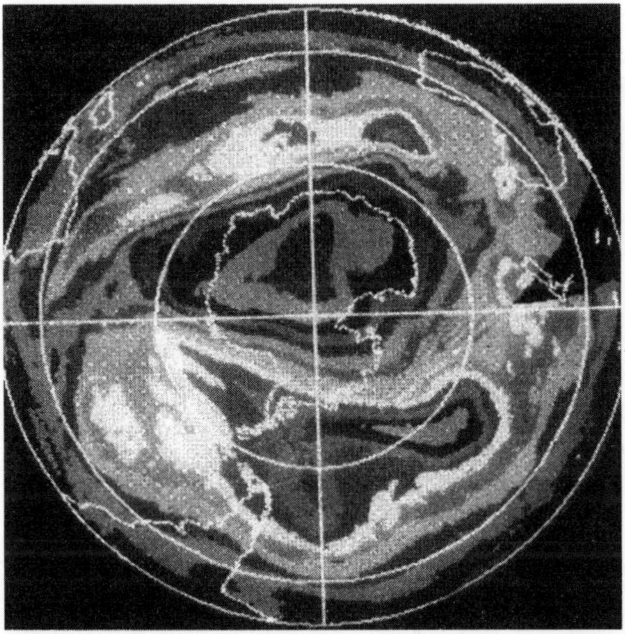

चित्र–95.

36. क्या होता है टेफ्लॉन?

टेफ्लॉन फ्लोरीन युक्त बहुलक का व्यापारिक नाम है, रासायनिक रूप से जिसे पॉलिटेट्राफ्लुरोइथिलीन कहते हैं, जिसका व्यापक रूप से उपयोग नॉन–स्टिक बर्तनों पर परत चढ़ाने के लिए होता है। यह एक ऐसा पॉलिमर है जिसमें पॉलिइथिलीन के सभी हाइड्रोजन परमाणुओं को फ्लोरीन परमाणु विस्थापित कर देते हैं। अमरीकी कम्पनी ड्यू पॉन्ट द्वारा 1938 में खोजा गया यह पदार्थ कठोर, दूधिया सफेद मोमी होता है जो लगभग सभी संक्षारक रासायनिक पदार्थों के प्रति पूरी तरह निष्क्रिय होता है। यही कारण है कि इसका उपयोग प्रयोगशालाओं, और रासायनिक संयंत्रों में वाल्व, सील और गैसकेट बनाने में होता है। सामान्य उपयोग में यह आविषालु होता है। यह ऊष्मा के प्रभावों के प्रति अत्यंत प्रतिरोधी होता है और इसका घर्षण गुणांक बहुत कम होता है। इसमें एंटीस्टिक गुण होता है जो इसे किचन के नॉन–स्टिक बर्तनों, स्की की दौड़ने वाली सतहों और इलैक्ट्रिक आयरन के लिए उपयुक्त बनाता है। इसके अलावा, यह एक

बेहतरीन विद्युत् अवरोधक है और इसलिए वायर कवरिंग के लिए भी प्रयोग किया जाता है। पानी इसे गीला नहीं कर सकता, न ही तेल इसे चिपचिपा बना सकता है (चित्र–96)।

चित्र–96.

37. पान के रंग में भी रसायन

बिना कत्थे के पान खाने से मुख लाल नहीं होता। कत्थे वाला पान खाने से एक रासायनिक प्रतिक्रिया के कारण, जिसमें एक लाल रंग का यौगिक निकलता है, मुख लाल हो जाता है। कत्थे में एक पदार्थ होता है जिसे कटेचू कहते हैं। पान में लगे चूने से बने क्षारीय माध्यम में कटेचू ऑक्सीजन से क्रिया करता है और कटेचूटैनिक अम्ल बनाता है। कटेचूटैनिक अम्ल लाल रंग का यौगिक होता है जो मुख को रंग देता है (चित्र–97)।

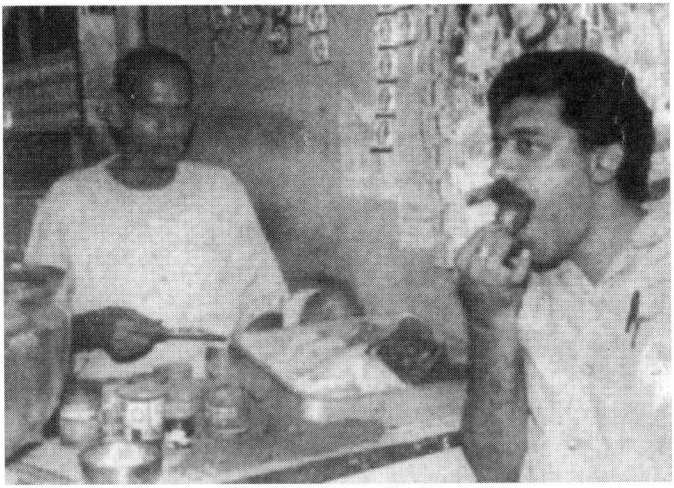

चित्र–97.

38. नैफ्थलीन की गोलियाँ कीटों को कैसे भगाती है?

कपड़ों को हानिकारक कीटों द्वारा क्षतिग्रस्त होने से बचाने के लिए प्रयोग की जाने वाली नैफ्थलीन की गोलियां मूल रूप से तेज गंध युक्त वाष्पशील रसायन होते हैं। इन यौगिकों में अनेक सगंध रसायन होते हैं जिन्हें मुख्यतया पेट्रोलियम और कोलतार से निकाला जाता है। ये रसायन विषैले होते हैं। ये अत्यंत वाष्पशील होते हैं तथा ये वाष्प उत्सर्जित करते हैं जो संग्रहण के समय कपड़ों को नुकसान पहुंचाने वाले कीटों, जैसे – शलभ और सिल्वरफिश आदि को दूर भगाती है (चित्र–98)।

चित्र–98.

39. महिलाओं के दाढ़ी–मूंछ न होने का राज भी रसायन

पुरुषों में दाढ़ी–मूंछ का उगना 'टेस्टोस्टीरान' नामक हार्मोन के कारण होता है। युवावस्था में स्त्रियों की अपेक्षा पुरूषों में यह हार्मोन दस गुना अधिक होता है। स्त्रियों में इस हार्मोन की मात्रा इतनी कम होती है कि यह उनमें दाढ़ी–मूंछ उगाने में अप्रभावकारी होता है। इसके विपरित महिलाओं में प्रचुर मात्रा में उत्पन्न होने वाला हार्मोन 'एस्ट्रोजन' भी उनके चेहरे पर दाढ़ी–मूंछ को उगने से रोकता है (चित्र–99)।

चित्र–99.

40. कैसे मापते है रक्तशर्करा?

हमारे आहार में मौजूद शर्करा उपापचय के कारण ग्लूकोस में बदल कर रक्त प्रवाह में जाती है। आमतौर से इसकी जांच एन्जाइमों का प्रयोग करके की जाती है। एन्जाइम, ग्लूकोस ऑक्सीडेस और ग्लूकोस परॉक्सीडेस ग्लूकोस को ग्लूकॉनिक अम्ल और हाइड्रोजन परॉक्साइड में बदल देते है जिससे एक लाल रंग का पदार्थ बनता है।

रंग की तीव्रता को एक उपकरण से मापा जाता है। ग्लूकोस की मात्रा ज्ञात किए जाने वाले रक्त के साथ ज्ञात सान्द्रता के ग्लूकोस को भी प्रवाहित किया जाता है। ग्लूकोस की उपस्थिति मात्रा की गणना दोनों निर्देशों के पाठ्यांकों से की जाती है। रक्त में ग्लूकोस की 60–100 मिग्रा % मात्रा सामान्य मानी जाती है (चित्र–100)।

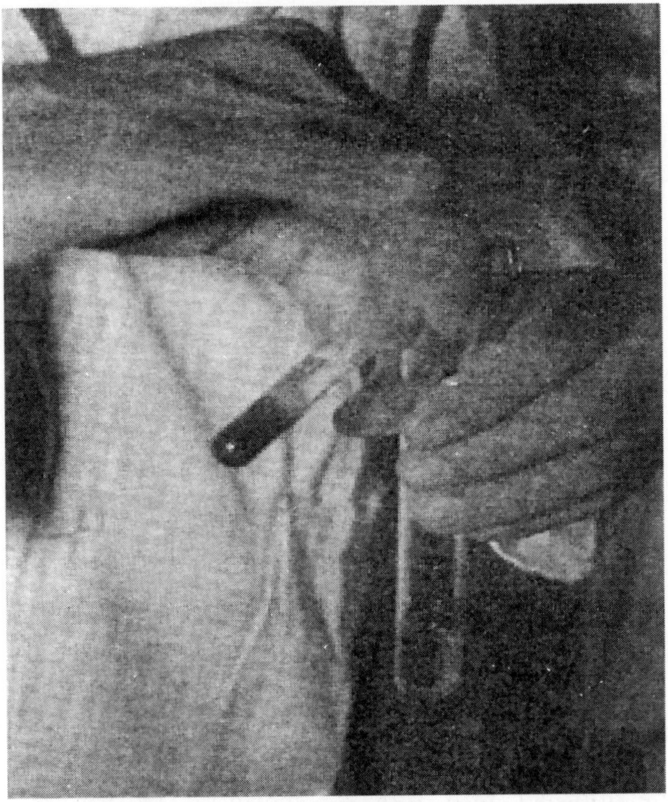

चित्र–100.

41. कैसे कार्य करता है गैस मास्क?

गैस मास्क एक रक्षात्मक युक्ति है जो पहनने वाले में घातक गैसों को सांस के साथ अंदर जाने से रोकती है। जब प्रदूषित वायु मास्क में प्रवेश करती है जो वायु में मिश्रित घातक गैसें, धुआं, धूल या रसायन अधिशोषण द्वारा पृथक हो जाते है। सामान्यतः प्रयोग होने वाले अधिशोषकः सक्रिय रसायनों सहित सक्रिय चारकोल का मिश्रण, प्यूमिस स्टोन पर बुझाया गया कॉस्टिक सोडा, बुझा हुआ कैल्सियम क्लोराइड तथा सिलिका जैल आदि अनेक प्रकार के धूम्र तथा विषैली गैसों को हटा देते हैं। मास्क में लगे एक वन–वे बाल्व द्वारा हवा बाहर छोड़ी जाती है (चित्र–101)।

चित्र–101.

42. क्या होता है हाइड्रोपॉनिक्स?

हाइड्रोपॉनिक्स बिना मृदा के, रासायनिक विलयनों में ही पौधे उगाने की व्यापारिक विधि है। पोषक तत्व और जल सीधे ही पौधों की जड़ों में दिये जाते हैं। इस विधि का प्रयोग एक पौधे या हजार पौधों के लिए किया जा सकता है। इसमें पौधों की सही वृद्धि के लिए पोषक विलयन के पी.एच. और आवश्यक तत्वों, जैसे–नाइट्रोजन, फॉस्फोरस, पोटैशियम, कैल्सियम, लौह, मैग्नीशियम, मैंगनीज, बोरॉन, कॉपर, मॉलिब्डिनम और जिंक की मात्रा सही अनुपात में रखी जाती है।

गेहूं, लेट्यूस, बीन्स, सोयाबीन और आलुओं को हाइड्रोपॉनिक विधि से विभिन्न सफलताओं के साथ उगाया जा चुका है।

हाइड्रोपॉनिक संवर्धन में, मृदा संवर्धन की अपेक्षा कम पानी की जरूरत होती है। इसके अतिरिक्त, स्वच्छ जड़ें और पत्तियां प्राप्त होती है। दूसरी ओर, मृदा संवर्धन की तुलना में रोग तेजी से फैलती हैं। इसके अलावा, मृदा संवर्धन की तुलना में खर्च भी ज्यादा आता है।

हाइड्रोपॉनिक संवर्धन का व्यापक रूप से उपयोग पौधों के पोषक तत्वों और जड़ों पर तापमान एवं पी.एच. के प्रभाव पर अनुसंधान में किया जाता है। पादप स्वास्थ्य पर सूक्ष्मजीवों के प्रभाव के अध्ययन के लिए हाइड्रोपॉनिक्स का प्रयोग किया जा सकता है। शौकिया पुष्प उत्पादक इन्डोर हाइड्रोपॉनिक बाग में सीमित जगह में सरलता से फल और सब्जियाँ उगा सकते हैं (चित्र–102)।

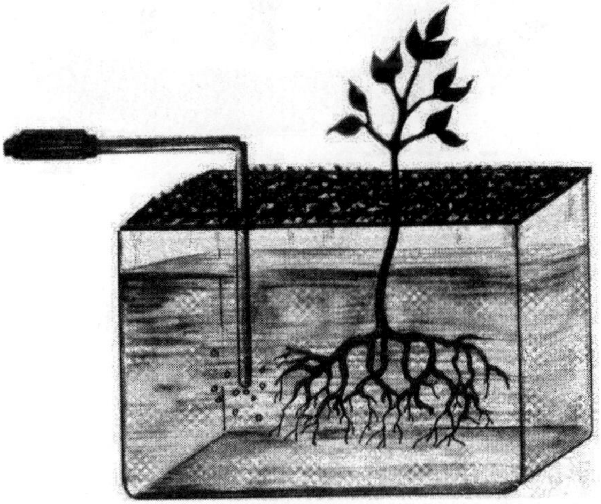

चित्र–102.

43. नींबू का रस जमीन पर पड़ने पर दाग क्यों छोड़ता है?

नींबू के रस में प्रायः 5 से 8 प्रतिशत तक सिट्रिक अम्ल होता है। सिट्रिक अम्ल एक ट्राइबेसिक कार्बनिक अम्ल है और इसमें विभिन्न हाइड्रोजाइलिक तथा कार्बोजाइलिक अम्लीय तत्व होते हैं। ये तत्व जब किसी पदार्थ के संपर्क में आते हैं तो उनसे रासायनिक क्रिया करके कई प्रकार के जटिल लवणों तथा अन्य पदार्थों का निर्माण करते हैं। अतः नींबू का रस जैसे ही जमीन पर पड़ता है ठीक उसी समय जमीन पर उपस्थित कई प्रकार के तत्व जैसे, लोहा, तांबा, चांदी, पोटैशियम, सोडियम आदि से नींबू के रस में मौजूद सिट्रिक अम्ल की रासायनिक अभिक्रिया घटित होती है। फलस्वरूप जमीन पर कई प्रकार के जटिल लवणों का निर्माण होता है। ये लवण सूखने के बाद एक अमिट दाग के रूप में दिखाई देते हैं। यही कारण है कि नींबू का रस जमीन पर पड़ने से दाग पड़ जाता है (चित्र–103)।

चित्र–103.

44. चींटियों को रास्ता दिखाता रसायन

चींटियों की कोई भी कॉलोनी तीन वर्गों में विभाजित होती है – रानी, पंखयुक्त नर और पंखरहित, जननक्षमता विहीन मादा जिन्हें कमेरी चींटी कहते हैं। चींटियों के कामगर वर्ग में कुछ खोजी चींटियां भी होती है। खोजी चींटियां सदैव आहार की खोज में इधर–उधर घूमती रहती हैं। जैसे ही खोजी चींटी को चीनी जैसा कोई आहार मिलता है, यह अपनी बांबी में लौटती है और अपने उदर को भूमि पर दबाकर लगातार फीरोमोन रसायन की गंध छोड़ती है। चैतन्य चींटियाँ अपने गंध ज्ञान संवेंदों की सहायता से गंध को ग्रहण कर उसका अनुसरण कर खोजी चींटी द्वारा खोजी गई चीनी या अन्य आहार तक पहुंच जाती है (चित्र–104)।

चित्र–104.

45. चमकता जासूसी दस्तावेज

चमकते दस्तावेज दो प्रकार से लिखे जाते थे। साधारण दस्तावेजों के साथ ही गुप्त जासूसी दस्तावेज लिखा जाता था। साधारण दस्तावेजों में ऐलुमीनियम क्लोराइड की परत कपड़े पर लेप द्वारा चढ़ाई जाती थी और उस पर 10 प्रतिशत मरक्युरिक क्लोराइड के घोल की स्याही से लिखा जाता था। ये लिखे हुए अक्षर पाँच मिनट के उपरांत चमकने लगते थे। यदि इन अक्षरों को हलका–सा साफ कर भी दें तो पुनः चमकने लगते थे। इन चमकते अक्षरों के मध्य अदृश्य स्याही से भी संदेश लिख दिए जाते थे, जो वस्तुतः सही संदेश होते थे। इन अदृश्य अक्षरों को विशिष्ट उपचार के बाद पढ़ लिया जाता था। इस प्रकार भ्रमित करने का छद्म तरीका काफी प्रचलित था। इन अदृश्य स्याहियों का वर्णन इस प्रकार है –

1. अदृश्य गोपनीय दस्तावेज

(क) ऊष्मा प्रभावी रँगीले अक्षरों में दस्तावेज

(1) **हरे अक्षर** – कोबाल्ट नाइट्रेट तथा निकिल सल्फेट की बराबर–बराबर मात्रा लें तथा बहुत ही कम तनु घोल (अर्थात् एक भाग दोनों यौगिकों का 100 मिली लीटर जल में घोलें) बनाएँ। अब जिस कागज पर लिखना हो उसपर उक्त घोल से लिखकर सुखा लें। इसे गरम करने पर हरे रंग के अक्षर दिखाई देने लगते हैं।

(2) **काले अक्षर** – (i) प्याज या लहसुन के रस से लिखे कागज पर गरम इस्तिरी फेरने से या पिसे हुए कोयले को रगड़ने से अक्षर काले दिखाई देंगे। (ii) दूध या फल के रस से लिखकर गरम करने पर काले अक्षर दिखाई देंगे।

(3) **पीले अक्षर** – कैडमियम क्लोराइड के बहुत हलके घोल से लिखने के उपरांत गरम करते ही वे अक्षर पीले रंग में दिखाई देने लगेंगे।

(4) **नीले अक्षर** – कोबाल्ट क्लोराइड या कोबाल्ट नाइट्रेट के तनु घोल से सफेद कागज पर लिखें, तदुपरांत यदि कागज को गरम करें तो लिखा हुआ नीले रंग में दिखाई

देने लगेगा। परंतु कागज ठंडा होने पर पुनः अदृश्य हो जाएगा। यह इसलिए होता है कि गरम करने पर कोबाल्ट क्लोराइड एक नीले रंग के यौगिक में बदल जाता है और उसमें उपस्थित पानी के अणु निकल जाते हैं तथा पुनः ठंडा होने पर हवा में उपस्थित नमी को सोखकर गुलाबी रंग में बदल जाने से लिखे हुए अक्षर अदृश्य हो जाते हैं।

(5) **अदृश्य सहानुभूति स्याही** – इस तरह लिखने के लिए तनु सिल्वर नाइट्रेट से सफेद पेपर पर लिखकर गुप्त संदेश भेज सकते हैं। परंतु सावधानीपूर्वक काले कागज में लपेटकर रखिए। यह गोपनीय रहस्य चार से छः माह तक सुरक्षित रह सकता हैं; परंतु यदि भूल से भी सूर्य की रोशनी दिखाई गई तो आधा घंटे में ही लिखा हुआ मजमून पढ़ा जा सकता है।

(ख) अदृश्य दस्तावेजों पर रसायन लेपन द्वारा अक्षर प्रकट होना

(1) **नीले अक्षर** – चावल के माँड (Starch) के तनु घोल से सफेद कागज पर लिखने से अक्षर अदृश्य रहेंगे; परंतु जैसे ही इसपर टिंक्चर आयोडीन या आयोडीन के पानी का लेप करेंगे वैसे ही नीले रंग के अक्षर दिखाई देंगे। यहाँ स्टार्च आयोडीन के साथ मिलकर एक जटिल यौगिक बनाता है, जो नीले बैंगनी रंग का होता है।

(2) **गहरे नीले अक्षर** – फेरस सल्फेट (हरा कसीस) के तनु घोल (100 भाग पानी में 4 भाग कसीस) से लिखा हुआ संदेश अदृश्य रहता है। परंतु जब इसे पढ़ना हो, उस समय दस्तावेज पर पोटैशियम फेरोसाइनाइड के हलके घोल का लेप करने से अक्षर गहरे नीले रंग के दिखाई देने लगते हैं।

(3) **हरे अक्षर** – पोटैशियम डायक्रोमेट या लेड एसीटेट के काफी हलके घोल से लिखे अक्षर अदृश्य रहेंगे; परंतु जब इन्हें पढ़ना ही तो तनु गंधक के तेजाब का लेप करें। हरे रंग में लिखी इबारत साफ दिखाई देने लगेगी। उक्त

अदृश्य दस्तावेज को सल्फर डाइऑक्साइड गैस के संपर्क में लाने पर भी हरे रंग के अक्षरों में पढ़ा जा सकता है।

(4) **काले अक्षर** – काले रंग के अक्षर लिखने के लिए पायरोगैलाल या टैनिक एसिड में किसी एक के पानी में तनु घोल (Dilute Solution) अर्थात् 100 भाग जल में 1 भाग पदार्थ घोल) बनाकर लिखें। फिर पढ़ने के लिए हरा कसीस (फेरस सल्फेट) का लेप करें। काले अक्षर में दस्तावेज दिखाई देने लगेगा।

(5) **बैंगनी अक्षर** – सोडियम नाइट्रोप्रोसाइड के घोल में कास्टिक सोडा (कपड़े धोनेवाला सोडा) की दो–तीन बूँदें मिलाकर लिखने से अक्षर बैंगनी रंग में दिखाई देंगे।

(6) **काले अक्षर** – हर्र या माजूफल के चूर्ण को पानी में अच्छी तरह भिगो दें। इसके हलके घोल द्वारा लिखने पर अक्षर काले दिखाई देते हैं।

(ग) पानी से भिगोकर अदृश्य अक्षरों को पढ़ना

काले अक्षर :– साबुन के घोल से कागज पर लिख लें। ये अक्षर सूखने पर अदृश्य होते हैं। अब इसे पढ़ते समय पानी से कागज को हलका भिगो दीजिए। काले अक्षर स्पष्ट दिखाई देने लगेंगे और आप गुप्त संदेश का रहस्य जानने में सफल हो जाएँगे।

(घ) जादू की लिखावट

अदृश्य अक्षर : नींबू का रस काँच के प्याले में निचोड़ लें। अब इस रस से सफेद कागज पर कलम से कुछ लिखना चाहें। लिख लें। सूखने पर यह लिखावट दिखाई नहीं देगी। पर जब इसे मोमबत्ती या अँगीठी पर गरम करेंगे तो लिखावट दिखाई देने लगेगी। दूध या प्याज के रस से लिखने पर भी ऐसा ही होगा।

इस तरह आपने देखा कि तरह–तरह के रसायनों की सहायता से गुप्त दस्तावेज तैयार किए जाते थे तथा मित्रों, संबंधियों और शत्रुओं को अपने मनसूबों से अवगत कराया जाता था।

46. रंग बदलने वाली घड़ी

आपने घड़ीवाले की दुकान पर कई सुंदर–सुंदर, रंग–बिरंगी दीवार घड़ियाँ सजी हुई देखी होगी। किसी घड़ी में चिड़िया बनी होगी तो किसी में रंग–बिरंगे बल्ब लगे होंगे; कई आवाज करती घड़ियाँ भी होंगी। ये सभी बैटरियों से संचालित होती हैं। पर यहाँ हम एक ऐसी सुंदर–सी घड़ी बनाना सिखाते हैं, जो घड़ी–घड़ी में अपने रंग बदलती हुई दिखाई देगी; जिसे आप अपनी घड़ी के मिनटों के साथ देख सकते हैं।

इसके लिए आपको कुछ रसायनों की आवश्यकता होगी, जिन्हें आप किसी रसायन प्रयोगशाला से प्राप्त कर सकते हैं। ये – रसायन निम्नलिखित हैं–

(i) सेरिक अमोनियम नाइट्रेट (0.001–0.01),

(ii) मेलोनिक एसिड (0.0125 – 0.5 M),

(iii) सल्फ्यूरिक एसिड (0.5 – 2.5),

(iv) फेरस साल्ट्स (0.006),

(v) पोटैशियम ब्रोमेट (0.03 – 0.0625)

उपर्युक्त रसायनों का कोष्ठक में दी हुई मात्रा को लेकर घोल बना लीजिए। अब सभी का बराबर–बराबर मात्रा में घोल लेकर आयताकार काँच के बरतन में भर दीजिए तथा उसे लगातार हिलाते रहें। इस आयताकार बरतन को यदि सफेद आधार में रखेंगे तो बदलते रंग ज्यादा साफ दिखाई देंगे। पाँच–दस मिनट के बाद रंगों का मायाजाल दिखना शुरू हो जाएगा। रंगों का खेल प्रयोग में लाए हुए रसायनों की मात्रा पर निर्भर करता है। जैसे सीरियम (Ce^{+2}) और सीरियम (Ce^{+4}) के कारण रंगहीन एवं पीला रंग दिखाई देगा। फेरस साल्ट्स के कारण लाल एवं नीला रंग दिखाई देगा। सीरियम की उचित मात्रा के प्रयोग से पीला रंग नीले एवं बैंगनी तथा लाल एवं हरे रंग के बीच रंग बदलता रहेगा।

अब यदि इस रासायनिक क्रिया को बिना छेड़े रखा रहने दें तो आप और अच्छी तरह से रंगों का बदलना, तरंगों का घेरे में बाहर ऊपर की ओर से बनना, फिर घोल के अंदर जाते हुए देख सकते हैं। इसे आप बीच–बीच में रसायन मिलाकर काफी समय तक देख सकते

हैं। इस रोमांचक दृश्य की विलक्षण अनुभूति और अविश्वसनीय मनोहारी रंगों के मायाजाल को आप देखकर ही सराह सकते हैं।

47. दीमकों का रासायनिक युद्ध

दीमकें कोई गोला–बारूद या विस्फोटकों का प्रयोग नहीं करती, परंतु रासायनिक युद्ध द्वारा अपने शत्रु पर विजय प्राप्त करती है। इस रासायनिक युद्ध में वे तीन प्रमुख रणनीतियों का प्रयोग करती हैं। प्रथम के अंतर्गत दीमकें काटने के साथ ही घाव में एक तैलीय या विषाक्त पदार्थ भर देती हैं, जो कि टरपिन्स के अंतर्गत आता है। आक्रामक चींटी के घाव से इस विषैले रसायन के कारण निरंतर रक्त बहता रहता है और यह रसायन खून के जमने में बाधक होने के कारण आक्रामक चींटी की मृत्यु हो जाती है। दूसरे प्रकार के रासायनिक युद्ध के अंतर्गत दीमकें थपथपाकर, टकराकर या स्पर्श कर अपने कूँची रूपी लंबे होंठों से विष छिड़क देती हैं। तीसरे प्रकार के रासायनिक युद्ध में तेज धार से विष और अधिक तरल चिपचिपे पदार्थों का छिड़काव करती हैं जिनमें आक्रमणकारी फँस जाते हैं। बहुत से स्राव त्वचा पर घाव, खुजलाहट और जलन पैदा कर आक्रमणकारी को खदेड़ देते हैं। इन विषैले रसायनों में अत्यन्त जटिल 22 से 36 कार्बन परमाणु की संरचनावाले टरपीन यौगिक, क्वीनोन, लेक्टोन, कीटो एल्डीहाइड, विनाइल कीटोन और नाइट्रो–एमींस आदि रसायन सम्मिलित हैं, जिन्हें दीमकें स्रावित करती हैं।

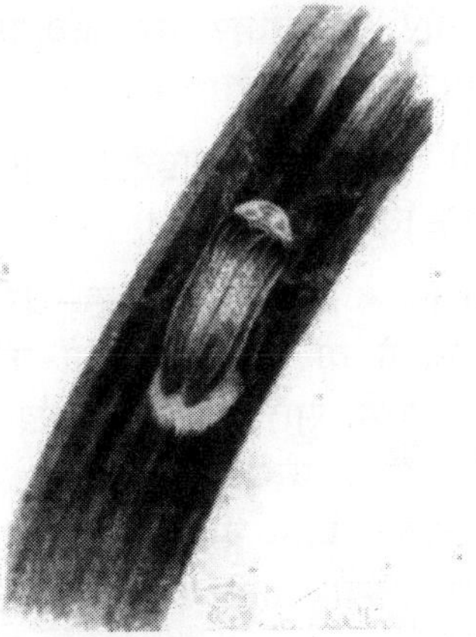

चित्र–105.

इन विषैले रसायनों के अतिरिक्त दीमकें एक विशेष प्रकार का रसायन छोड़ती जाती हैं जो कई वर्षों बाद भी आनेवाली दीमकें इन रसायनयुक्त मार्गों के सहारे अपने आवास तक आसानी से पहुँच जाती हैं और नया संसार बसाने में जुट जाती हैं (चित्र–105)।

48. बमाबम

हमें याद आता है कि बचपन में जब पटाखों का प्रचलन कम था तब सस्ते में बच्चे स्वनिर्मित बमों का प्रयोग कर दीपावली का मजा लेते थे। इन बमों को बनाने के लिए विभिन्न प्रकार की सामग्री और साधारण घरेलू उपयोग की वस्तुएँ ही काम में ली जाती थीं। हम आपको ऐसे ही कुछ घरेलू बम–पटाखों का विवरण दे रहे हैं।

(1) हथौड़ी बम – लोहे की एक हथौड़ी, जिसके लोहेवाले भाग पर एक गड्ढा होता था और उसको बंद करने के लिए एक कील या एक छोटी–सी छड़ होती थी। हम बच्चे एक पीले से रंग के पाउडर को उस गड्ढे में भरकर लोहे की छड़ से बंद कर देते थे। अब इस हथौडी को इस छड़ के बल उलटा जमीन पर जोर से पटकते थे। पटक पड़ते ही पाउडर में विस्फोट होता और जोर से आवाज होती।

यहाँ जो पीला पाउडर लिया गया है, उसमें पोटैशियम नाइट्रेट और गंधक का पाउडर मिलाया जाता है।

(2) दीवारपटक बम – आपने दीपावली पर पटाखों की दुकान पर छोटे–छोटे आँवलों के आकार के दीवारपटक बमों को देखा होगा। इन बमों को यदि जोर से दीवार पर फेंककर मारा जाए तो पटक लगते ही जोरदार आवाज होती है।

इन बमों में भी पोटैशियम नाइट्रेट और गंधक के पाउडर का प्रयोग आवाज के लिए किया जाता है।

(3) सुतली बम – आजकल तरह–तरह के बम–पटाखे बड़े धड़ल्ले के साथ दीपावली के समय पटाखों की दुकान पर बिकते हुए देखे जा सकते हैं; जिनमें सुतली बम प्रमुख हैं। इन बमों के अंदर काला बारूद व छोटे–छोटे पत्थर के टुकड़े भरे होते हैं। इस काले मिश्रण को सुतली द्वारा कसकर बाँध दिया जाता हैं और साथ में एक काला पलीता भी लगा दिया जाता है। पलीते में आग लगाते ही बहुत जोर की आवाज होती है।

इस काले बारूदी पाउडर में शोरा 75 प्रतिशत, गंधक 15 प्रतिशत एवं पिसा हुआ कोयला 10 प्रतिशत के अनुपात में होता है।

(4) देशी बंदूक – आज भी गाँवों में देशी बंदूक या भरतूआ बंदूक का प्रचलन है। इस बंदूक में भी पोटैशियम नाइट्रेट, गंधक का चूर्ण और पिसा कोयला या उपले (कंडे) का पाउडर लिया जाता है। इस मिश्रण को नमी से बचाकर रखा जाता है। मिश्रण को बंदूक की नली में भरकर स्ट्राइकर की चोट से विस्फोट उत्पन्न किया जाता है। इस बंदूक द्वारा सिर्फ आवाज ही उत्पन्न की जा सकती है। तीतर, बटेर आदि पक्षियों का निकट से शिकार करने के लिए बंदूक की नली में उक्त मिश्रण के साथ पत्थर के टुकड़े या लोहे के छर्रे भरकर और मुँह पर जूट या रुई को ठूँस–ठूँसकर भरकर दागा जाता है।

49. स्याहियों का राज भी रसायन

प्राचीन काल से दस्तावेजों तथा अपने विचारों को सुरक्षित रखने के लिए पेड़–पौधों से प्राप्त रंजकों का प्रयोग किया जाता रहा है और आज तो अनेक प्रकार की स्याहियों की खोज हो चुकी है। ये स्याहियाँ लिखने के साधनों को ध्यान में रखकर बनाई जाती है; चाहे वह कलम व बालपेन की स्याही हो, प्लास्टिक कागज पर लिखने की स्याही हो, लेटरपैड पर सील लगाने वाली स्याही हो या पानी से अप्रभावित होने वाली स्याही हो। आइए, इन सभी स्याहियों का रहस्य विस्तार से जानें।

1. बाल प्वांइट स्याही

मुझे याद है, जब हम छोटे थे तथा स्कूल पढ़ने जाते थे तो स्कूल में लिखने के लिए स्याही की दवात एवं निब लगे होल्डर साथ ले जाते थे। कभी रास्ते में दवात हाथ से छूटकर गिर जाती और स्याही बिखर जाती तो कभी बस्ते में ही तिरछी हो ढक्कन खुल जाने से स्याही गिर जाती, जिससे कॉपी–किताब खराब हो जाती थीं। ऐसे में भला हो बाल प्वाइंट की स्याही के आविष्कारक का, जिसने यह परेशानी दूर कर दी और आज आप सबको पेन, होल्डरों एवं स्याही को स्कूल ले जाने की परेशानी से मुक्त कर दिया। इसका आविष्कार अंतरिक्ष यात्रियों के लिए किया गया था।

बाल प्वाइंट की स्याही की एक और विशेषता होती है कि इससे लिखने में किसी तरह की रुकावट नही होती। इसका प्रवाह लगातार बना रहता है और पेपर पर लिखते ही यह सूख जाती है तथा फैलती नहीं हैं। इसे बनाने के लिए रंगीन रंजकों को ओलिक एसिड, अरंडी का तेल एवं सल्फोनामाइड में घोला जाता है या गोंद के हलके घोल में मिलाकर बनाते हैं।

2. स्टैंप पैड या निशान बनानेवाली स्याही

इस प्रकार की स्याही का प्रयोग रबर या कपड़े के पैड पर फैलाकर तथा सोखकर किया जाता है। ये पैड्स जल्दी नहीं सूखते तथा कई सालों तक प्रयोग में लाए जा सकते हैं। सील या आकृति को कागज या कपड़े पर अंकित करने से पूर्व इन स्याहीयुक्त पैड्स पर रखकर गीला कर लेते हैं, तत्पश्चात् इन्हें कागज या कपड़े की सतह पर रखकर जोर से दबा देते हैं। इस तरह ये आकृतियाँ हमेशा के लिए छप जाती हैं।

दस्तावेजों पर छाप या मुहर लगाने के लिए अलग–अलग तरह की स्याही की आवश्यकता होती है। साधारण स्याही से मुहर को गीला कर सील नहीं लगा सकते। तो आओ, मुहर लगाने की स्याही कैसे बनाते हैं, बतलाते हैं। साधारण मुहर स्याही बनाने के लिए 'इंडियुलिन' नामक रंग को ग्लिसरीन, फीनोल या क्रीसॉल में घोला जाता है। मार्किंग स्याही बनाने के लिए इस साधारण मुहर स्याही को पानी, एल्कोहल, टरपेंटाइन या मोम में घोलकर बनाते हैं। सामान्यतया स्याही बनाने के लिए पाँच प्रमुख रंजकों का प्रयोग किया जाता है – 1. एजो, 2. ट्राई फिनाइलमीथेन, 3. एंथ्राक्वीनोन, 4. वेट, 5. थैलोसायनीन।

3. पानी से अप्रभावित स्याही

इस तरह की स्याही पानी से शीघ्र प्रभावित नहीं होती, अर्थात् फैलती व मिटती नहीं। इस तरह की स्याही में रंजक तो ऊपर बताई गई स्याहियों के ही होते हैं, परंतु इसमें लेटेक्स, सरेस आदि भी मिलाए जाते हैं।

4. थूक या लार से गुप्त दस्तावेज तैयार करना

इस प्रकार की स्याही को बनाने के लिए ओक (चीड़) वृक्ष से प्राप्त सरेस तथा कॉपर सल्फेट (नीला थोथा) को मिलाकर घोल बना लेते हैं तथा इस घोल को पेपर पर फैला देते हैं। पेपर के सूख जाने के पश्चात् पेंन की निब को थूक या लार से गीला कर लिखने से गुप्त दस्तावेज तैयार किया जा सकता है। इसी तरह नीला थोथा की जगह हरा कसीस (फेरस सल्फेट) को ओक वृक्ष से प्राप्त गोंद के साथ मिलाकर घोल बना लेते हैं। तत्पश्चात् थूक या लार की सहायता से गुप्त दस्तावेज बनाया जाता है। यह स्याही समय के साथ–साथ लुप्त हो जाती है।

5. प्रिंटिंग स्याही

अखबार, किताब व अन्य बड़े–बड़े पोस्टरों पर प्रिंट करने के लिए तीन तरह की स्याही का प्रयोग किया जाता है –

(i) इसमें रंग को मिनरल ऑयल या शीघ्रातिशीघ्र सूखनेवाले तेल में मिलाकर प्रयोग में लाया जाता है।

(ii) इसमें ऐनिलीन रंग को वाष्पशील द्रव या गोंद के घोल में मिलाकर प्रयोग में लाया जाता है। इस तरह की स्याही का प्रयोग चमकीले रंगों तथा शीघ्रातिशीघ्र बननेवाली ड्राइंग में किया जाता है।

(iii) इस तरह की कॉपिंग करने के लिए आयरन व टेनिनयुक्त स्याही का प्रयोग किया जाता है।

50. मौसमवक्ता रसायन ज्योतिषी

दिल्ली, उज्जैन और जयपुर के जंतर मंतर में उपलब्ध धूपघड़ी, बालूघड़ी, जलघड़ी आदि ज्योतिष के अद्‌भुत उपकरण देखने अनेक पर्यटक जाते हैं। साथ ही दूरदर्शन पर भी आप लोग समाचारों के पश्चात् मौसम की विस्तृत जानकारी प्राप्त करते हैं; परंतु मौसम की भविष्यवाणी अनेक बार एक परिहास का विषय बन जाती है। पर हम यहाँ आपको जिम्मेदार रसायन ज्योतिषी बनने का एक गुर बता रहे हैं;

ताकि मौसम की भविष्यवाणी सहजता से करके आप अपना सिक्का जमा सकते हैं। तो आओ, नोट करो।

ज्योतिषी बनने के लिए निम्न सामग्री इकट्ठी करनी होगी –

1. कपूर	2 ग्राम
2. पोटैशियम नाइट्रेट	2 ग्राम
3. अमोनियम क्लोराइड	0.5 ग्राम
4. एब्सोलूट अल्कोहल	15 मिलीलिटर
5. डिस्टिल्ड वाटर	15 मिलीलिटर
6. काँच का बीकर	250 मिलीलिटर आयतनवाला
7. काँच की नली	2 से॰मी॰ व्यासवाली 25 से॰मी॰ लंबी
8. लकड़ी का तख्ता	30 से॰मी॰ x 20 से॰ मी॰
9. हुक एवं कील	दो हुक एवं एक कील
10. मोम या लाख	सील बंद करने के लिए (अंदाज से)
11. कॉर्क	एक

बनाने की विधि

काँच की नली का एक सिरा गैस की तीव्र लौ की मदद से बंद कर लिया जाता है और लकड़ी के तख्त पर दो हुकों की मदद से कस दिया जाता है। अब ऊपर बताए रसायनों को काँच के बीकर में लेकर मिलाते हैं और हलका गरम करते हैं, ताकि सभी सामग्री घुल जाए। घोल बन जाने पर घोल को पूरी तरह ठंडा होने से पूर्व ही नली में भर देते हैं और खुले सिरे पर कॉर्क लगा कसकर बंद कर देते हैं। ऊपर से लाख या मोम को पिघलाकर एयर टाइट सील लगा देते हैं। जानकारी के लिए रसायन ज्योतिष के निम्न निर्देशों को कागज पर बड़ा–बड़ा साफ लिखकर लकड़ी के तख्ते पर काँच की नली के बगल में चिपका देते हैं (चित्र–106)।

चित्र–106.

ज्योतिष निर्देश

क्रम	आकृतियों का दृष्टिगोचर होना	मौसम
1.	द्रव की ऊपरी सतह पर पेड़–पौधों की सी उभरती आकृति दिखाई दे।	ठंडा और तूफानी
2.	द्रव की निचली सतह पर पेड़–पौधों की सी उभरती आकृति दिखाई दे।	ठंड में वृद्धि
3.	द्रव की सतह से उभरती आकृति का धीरे–धीरे खत्म होना दिखे।	ठंड में कमी
4.	साफ और स्पष्ट द्रव दिखे।	शुष्क एवं सुहावना
5.	द्रव में कणों की उत्पत्ति और उनका ऊपरी या निचली सतह की ओर बढ़ता दिखाई दे।	तूफानी मौसम की आशंका

इस तरह नली में दिखाई देने वाले लक्षणों के आधार पर ठंडा, शुष्क, सुहावना एवं तूफानी मौसम के विषय में आसानी से बताया जा सकता है।

51. कैसे तुरंत मारता है पोटैशियम सायनाइड

अपने जीवन के विविध प्रक्रमों के संपादन के लिए हमें ऊर्जा की सतत् आपूर्ति की आवश्यकता पड़ती है। ऊर्जा की यह आपूर्ति हमें अपने आहार से मिलती है जो उसके जलने के उपरान्त ऑक्सीकृत होने से प्राप्त होती है। ऑक्सीकरण के दौरान ग्लूकोस जैसे खाने के

अणु से इलैक्ट्रॉन हटा दिए जाते हैं जो ऑक्सीकरण द्वारा ले लिए जाते हैं और पानी उत्पन्न करते हैं। इस इलैक्ट्रॉन स्थानांतरण को पूर्ण होने में साइटोक्रोम ऑक्सीडेस नामक एन्जाइम सहायक होती है। वस्तुतः साइटोक्रोम ऑक्सीडेस में हीम (लौह) वर्ग में विद्यमान होता है जिसके केन्द्र में आयरन होता है। यही आयरन या लौह ऑक्सीकरण की दोनों स्थितियों के बीच में इधर से उधर घूमता है और इस प्रक्रिया में खाद्य पदार्थों के इलेक्ट्रॉनों को हटाता है और उन्हें ऑक्सीजन के अणुओं को देता है (चित्र–107)।

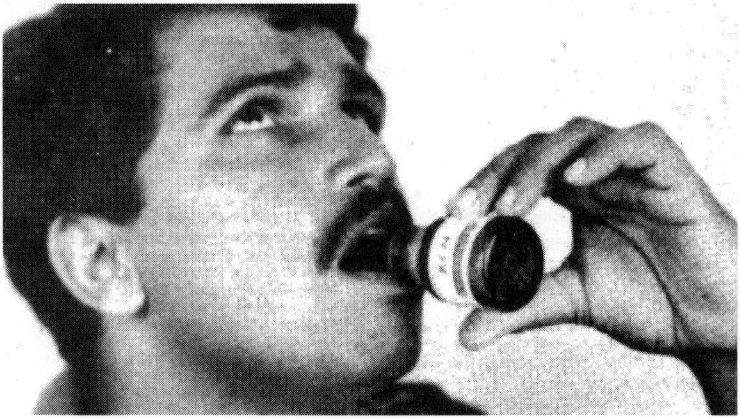

चित्र–107.

उधर, ऑक्सीकरण के दो में से एक चरण में विद्यमान सायनाइड के आयनों की आयरन (लौह) के आयनों के प्रति बंधता (जुड़ने की उत्सुकता) बहुत अधिक होती है। तो जब भी यह घटना होती है साइटोक्रोम ऑक्सीडेस निष्क्रिय हो जाता है जिससे ऑक्सीकरण की प्रक्रिया रुक जाती है। इस तरह शरीर को मिलने वाली ऊर्जा की आपूर्ति बन्द हो जाती है और मनुष्य तत्क्षण ही मर जाता है।

52. कैसे काम करता है फायर अलार्म

वस्तुतः फायर अलार्म एक सुरक्षा युक्ति होती है जो आग के फैलने से पूर्व ही चेतावनी देती है। अधिकांश फायर अलार्म ऊष्मा, धुएं और लौ को भांपने के सिद्धान्त पर काम करते हैं। ऊष्मा संसूचक आग के कारण बढ़ने वाले तापमान की अनुभूति मिलते ही एक निम्न संगलन मिश्र धातु को पिघलाकर या द्विधात्विक पत्ती को झुकाकर

अलार्म को बजाता है। धूम संसूचकों में, फोटोसैल पर पड़नेवाली प्रकाश की किरणें धूम्र कणों के कारण बाधित होती हैं जिससे अलार्म बजता है। लौ संसूचक आमतौर से अलार्म बजाने के लिए लौ से निकलने वाले इन्फ्रारेड विकिरणों का प्रयोग करते हैं (चित्र–108)।

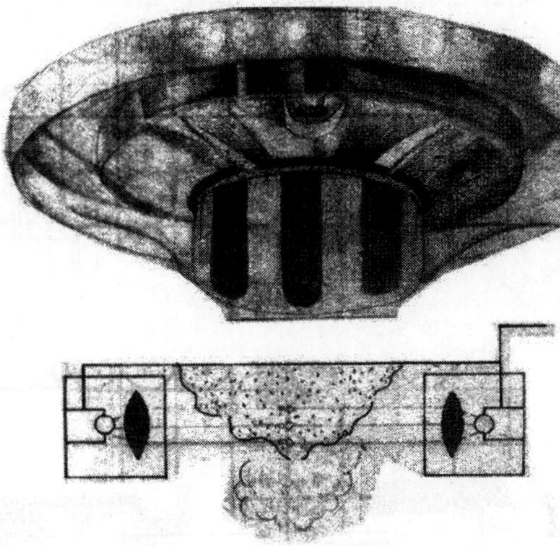

चित्र–108.

53. अग्निशामक यंत्र की कार्य प्रणाली

अग्निशामक यंत्र मूल रूप से दो तरह से कार्य करते हैं – या तो ज्वलनशील पदार्थों को ठंडा करके या किसी निष्क्रिय परत से ढककर जिससे ऑक्सीजन की आपूर्ति बंद हो जाए। अग्निशामक विभिन्न प्रकार के होते हैं। सबसे सामान्य विधि में पानी का उपयोग होता है जिसमें बहुत अधिक ऊष्माधारक क्षमता होती है। ऐसे अग्निशामकों से पानी बहुत उच्च दाब पर निकलता है इसलिए शक्तिशाली शीतलक का कार्य करता है। परंतु जहाँ ज्वलनशील पदार्थ तेल होता है वहां पानी वाले अग्निशामक यंत्रों का उपयोग नहीं हो सकता है। ऐसी स्थिति में, फोम वाले अग्निशामक यंत्रों का उपयोग होता है। इनमें फोम वाले कारकों का उपयोग होता है जिनका आग पर शीतलक प्रभाव होता है। एक अन्य प्रकार के अग्निशामक यंत्र में कार्बन टेट्राक्लोराइड नामक रसायन का उपयोग होता है जो मशीनरी और विद्युत् संस्थापनों में आग बुझाने के काम आता है।

सभी प्रकार की आग के लिए एक सुरक्षित और प्रभावी अग्निशामक में कार्बन डाइ ऑक्साइड का उपयोग होता है जो निष्क्रिय कवर का काम करती है। ज्वलनशील पदार्थ की प्रकृति के अनुसार विभिन्न प्रकार के अग्निशामकों का प्रयोग किया जाता है। जिनमें से प्रत्येक का एक विशिष्ट आकार और कार्य करने का ढंग होता है (चित्र–109)।

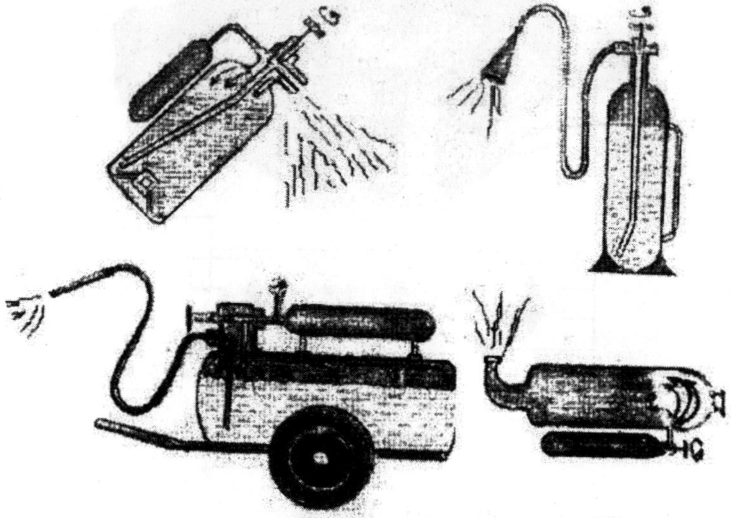

चित्र–109. विभिन्न प्रकार के अग्निशामक यंत्र

रासायनिक प्रयोगशाला में खतरों से बचाव जरूरी

आज रसायन विज्ञान सर्वव्यापक और दुनिया पर छा जाने वाला विज्ञान बन चुका है। एक आकलन के अनुसार लगभग 40 लाख रसायनों की बहुमुखी शक्ति से युक्त यह विज्ञान आज हमारे दैनिक जीवन में न केवल सबसे उपयोगी है वरन् आर्थिक दृष्टि से भी यह 21वीं सदी की उत्कर्ष विज्ञान–शाखा है (चित्र 110)। इस समय विश्व की हजारों–लाखों रासायनिक प्रयोगशालाओं में चल रहे उन्नत प्रयोग भी इसकी सम्पुष्टि कर रहे हैं। इसी क्रम में संयुक्त राष्ट्रसंघ ने वर्ष 2011 को रसायनविज्ञान का वर्ष घोषित किया था। विश्व के वैज्ञानिकों ने जल (H_2O) को 21 वीं सदी का सबसे अहम् पदार्थ और अणु घोषित किया है।

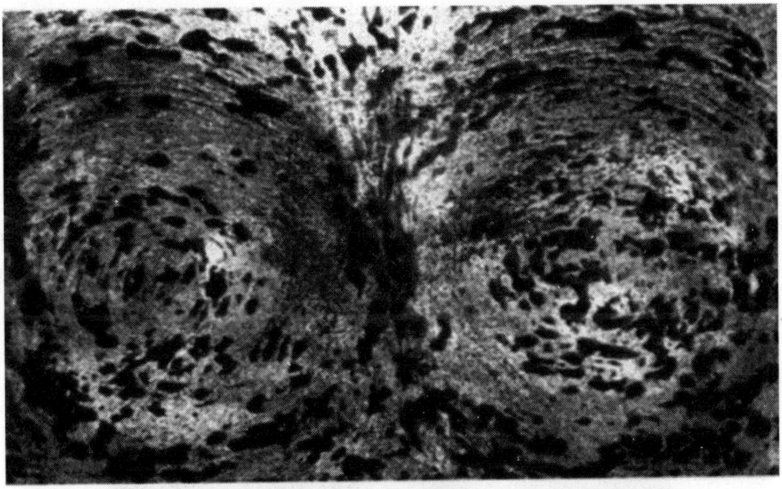

चित्र – 110

वस्तुतः रसायन विज्ञान की उपयोगिता तथा इसके अर्थशास्त्र की सार्थकता भी तभी है, जब इसके सभी रसायन पूरी–पूरी सुरक्षा से प्रयोग किए जाएं अन्यथा ये जन और धन दोनों का भारी नुकसान कर सकते हैं। भोपाल गैस त्रासदी इसका जीवन्त उदाहरण है जिसके कारण हजारों निरपराध व्यक्ति हताहत हो गये। केमिस्ट्री की व्यापकता और अहमियत के साथ–साथ एक सच्चाई यह भी है कि इसका कोई भी रसायन पूरी तरह से सुरक्षित नहीं माना जा सकता भले ही हमारा जाना पहचाना पानी (H_2O) ही क्यों न हो। उदाहरण के तौर पर पानी गरम अवस्था में शरीर पर गिरे तो फफोले बना देता है और यदि यह सोडियम धातु अथवा इसके हाइड्राइड से मिले तो साक्षात् आग उगलने लगता है। अनेक रसायन उच्च दाब अथवा उच्च तापमान पर प्रयोग करने पर खतरनाक बन जाते हैं। अतः रसायनों की (विशेषतः रासायनिक प्रयोगशाला में विद्यमान) शक्तियों के बारे में, उनके जोखिम तथा सुरक्षा विधियों के बारे जानकारी देना नितान्त आवश्यक है जिससे उदीयमान रसायनविज्ञानी इनसे बचाव कर सकें।

1. प्रयोगशाला में रसायनों की बोतलों, सिलिंडरों, द्रव नाइट्रोजन की कैनों और ड्राई आईस (ठोस कार्बन डाइ ऑक्साइड) आदि के अपने–अपने निश्वित स्थान होते हैं। अतः उन्हें यथास्थान पर ही रखना चाहिये।
2. सिंक में टूटा कांच नहीं छोड़ना चाहिए।

3. आसवन फ्लासकों में रबर कॉर्क की अपेक्षा ग्लास ज्वाइंट्स का प्रयोग भी हमारी रक्षा करता है।
4. रसायन की हर बोतल, कंटेनर, पैकेट आदि पर लगे लेबल पर लिखी सावधानियों को अच्छी तरह से पढ़ना चाहिए।
5. हर रसायन का अपना कुदरती रासायनिक स्वभाव होता है। कोई रसायन बहुत वाष्पशील, कोई स्वास्थ्य के लिए हानिकारक, तो कोई साक्षात् विष, भयंकर विस्फोटक और कोई संक्षारक होता है (चित्र 111)।

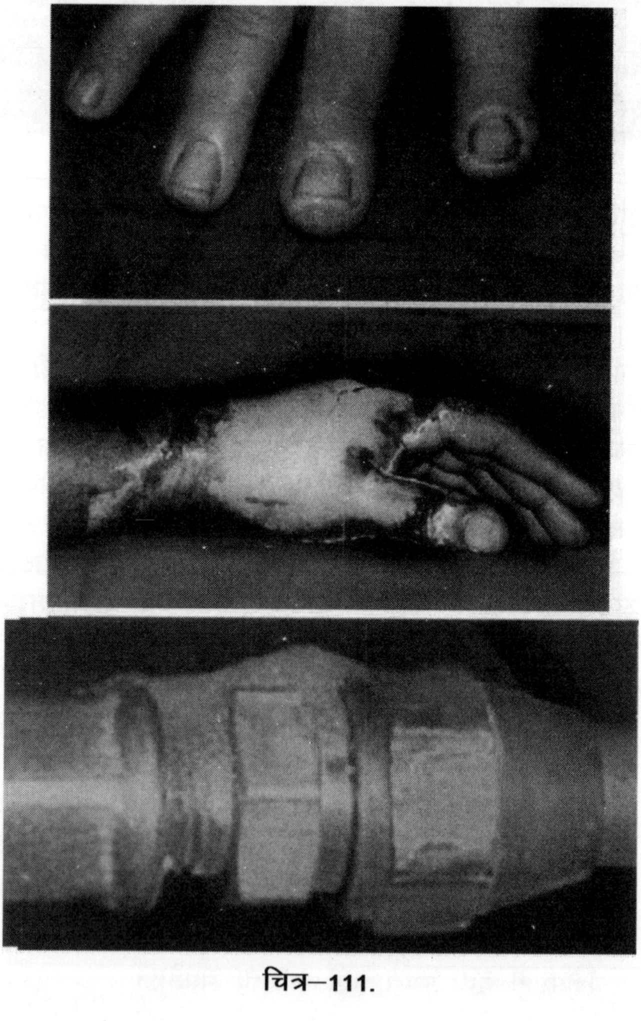

चित्र–111.

6. आजकल युद्धों में थर्माइट तथा नापाम बम भी प्रयोग होने लगे है, जबकि आतंकवादी अमोनियम नाइट्रेट व आरडीएक्स प्रकार के विस्फोटक प्रयोग कर रहे हैं। अतः हमें प्रयोगशाला में इन हानिकर रूपों को अंकुश में रखना है तथा सुरक्षा से काम करना है।

7. प्रयोगशाला में अग्निदेव से दूरी रखना जरूरी

जैसा कि विदित ही है अग्निदेव को खाने–पीने का बहुत शौक है। अतः हाइड्रोजन, एसीटिलीन और एलपीजी जैसी ज्वलनशील गैसों को तो वे पल भर में ही चट कर लेते हैं। अतः प्रातःकाल जब आप प्रयोगशाला खोलें और गैस की गंध लगे तो तुरंत बिजली का स्विच ऑफ कर दें, अन्यथा कोई दुर्घटना हो सकती है।

अग्नि का अनेक ठोस पदार्थ से गहन संबंध होता है। कई वस्तुएँ जैसे – कागज, कपड़ा, नाइलॉन आदि हॉट प्लेट के नजदीक रखने पर स्वतः ही जल उठते हैं।

इसी प्रकार अनेक कार्बनिक द्रव न केवल ज्वलनशील होते हैं वरन् बहुत वाष्पशील भी होते हैं और इसी कारण प्रयोगशाला में प्रयोग के समय अप्रत्याशित तौर पर जल उठते हैं। इनमें ऐथिल ईथर, एसिटल्डीहाइड, एसीटोन और बेंजीन प्रमुख हैं। क्योंकि ये कम तापमान पर भी इतना अधिक वाष्प छोड़ते हैं कि आसपास कहीं हलकी ज्वाला भी मौजूद हो तो ये तत्काल आग पकड़ लेते हैं। अतः ऐसे रसायनों का प्रयोग करते समय सावधानी रखनी चाहिए।

8. वस्तुतः रासायनिक प्रयोगशाला कोई सामाजिक स्थल नहीं होती है। अतः सही कपड़े व जूते पहनने चाहिए।

9. सेफ्टी गॉगल/ग्लास का प्रयोगशाला में सदैव प्रयोग करना चाहिए।

10. महिलाओं को अपने लंबे बाल होने पर अथवा दुपट्टे को बर्नर प्लेम से बचाने के लिए इन्हें पीछे की ओर बांध लेना चाहिए।

11. प्रयोगशाला में काम करते समय बीच–बीच में हाथ धो लेने की आदत डालनी चाहिए।

12. पुरानी रबड़ की नलियों अथवा क्रैक हो रही नालियों को तुरंत बदलना चाहिए।

13. यदि आप द्रवित (लिक्विड) नाइट्रोजन का प्रयोग कर रहे हों तो अंगुठी/कड़ा, कंगन आदि उतार दें क्योंकि इनके नीचे ट्रैप होकर नाइट्रोजन जलन–घाव पैदा कर सकती है।

14. फ्यूमहुड वाला कार्य सिर्फ फ्यूमहुड में ही करना चाहिए।

15. प्रयोगशाला में कभी धूम्रपान एवं खाना–पीना आदि नहीं करना चाहिए।

16. त्वचा पर कोई रसायन गिरने पर पहले बहुत बार पानी से धो लेना चाहिए फिर उपचार करना चाहिए। सांद्र द्रव गिरे तो पहले हलके से पोंछ लें, फिर त्वचा को धो लेना चाहिए।

17. रसायन बोतल का प्रयोग करने के बाद उसे सही स्थान पर वापस रखना चाहिए।

18. अपशिष्ट रासायनिक पदार्थों को कभी आपस में नहीं मिलाना चाहिए वरन् उसका समुचित निपटान करना चाहिए। और इसके लिए सामयिक रणनीति बनानी चाहिए।

19. कुछ बहुत विषैले रसायन, भयंकर विस्फोटक अथवा कैंसर जनक रसायनों को सदैव अल्मारी में बंद करके रखना चाहिए, यथा – पोटैशियम सायनाइड जैसे घातक रसायन का प्रयोग करते समय तनिक भी लापरवाही नहीं बरतनी चाहिए।

20. रासायनिक प्रयोगशाला में कभी भी बिना सोचे–समझे किन्हीं दो या तीन रंगीन रसायनों को मात्र रंगों की छटाएं देखने हेतु नहीं मिलाना चाहिए। यदि बिना सोचे–समझे आपने उन्हें मिला दिया तो आपका पूरा जीवन बदरंग बन सकता है (चित्र–112)। उदाहरण के तौर पर आपने किसी सायनाइड लवण में हाइड्रोक्लोरिक अम्ल डाल दिया जो दमघोंटू हाइड्रोजन सल्फाइड गैस बनेगी जो प्राणघातक होती है।

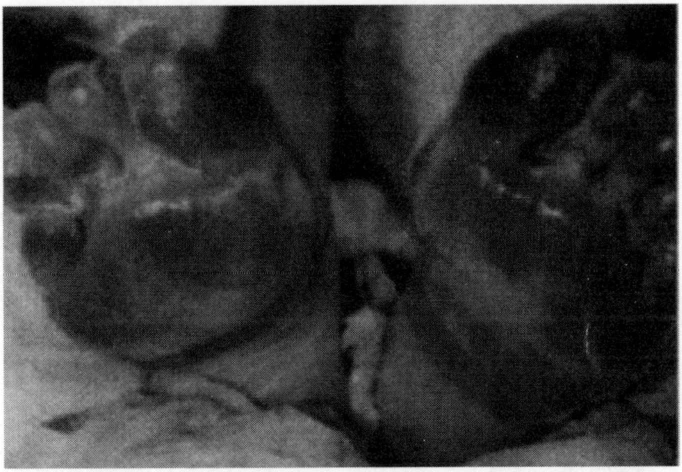

चित्र–112

21. सुरक्षा संकेतों तथा उपकरणों को हमेशा समझ लेना चाहिए। कुछ एक उपकरण है – (i) आई–वॉश फाउंटेन, (ii) सेफ्टी गॉगल/ग्लास (iii) ग्लोव (दस्तानें), (iv) लैब कोट (v) सही जूते (अप) प्रो–पिपेट (vii) अग्निशामक (viii) सेफ्टी शॉवर (ix) प्राथमिक चिकित्सा किट (x) फ्यूमहुड आदि।

रसायन विज्ञान से संबंधित जीवनोपयोगी संकेत

हमारे दैनिक जीवन में रसायनों के बढ़ते खतरे, दुर्घटनाएं एवं आपदाओं से बचने हेतु 20 प्रमुख रसायनजन्य संकेत निम्नांकित हैं जिसके द्वारा आम जनमानस लाभान्वित हो सकता है (चित्र–113 एवं 114)।

अतः उपर्युक्त जीवनोपयोगी रसायनविज्ञान से संबंधित संकेतों के बारे में जानकारी प्राप्त कर हम दुर्घटनाओं के स्तर को सचमुच बहुत कम कर सकते हैं। वस्तुतः सुरक्षा ही हमारा सबसे रचनात्मक वैज्ञानिक, सामाजिक– आर्थिक कर्त्तव्य है और यही एक सर्वोत्तम बीमा भी है।

चित्र–113. रसायनविज्ञान से संबंधित जीवनोपयोगी संकेत

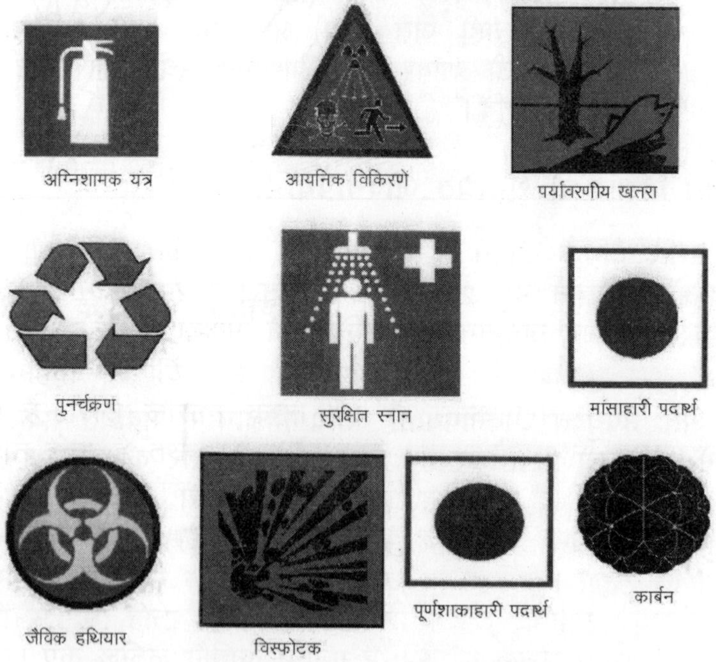

चित्र–114. रसायनविज्ञान से संबंधित जीवनोपयोगी संकेत

भविष्य के रसायन विज्ञान की कल्पना

विगत कुछेक वर्षों के निरंतर प्रयास एवं अनुसंधान के फलस्वरूप रसायन विज्ञान में नवीन यंत्रीकरण का प्रादुर्भाव हुआ है जिससे आणविक संरचना एवं क्वांटम यांत्रिकी ने परमाणुओं के आचरण की यथार्थ स्थिति से अवगत करवाया है। वस्तुतः इसी आणविक संरचना पर संपूर्ण ध्यान केन्द्रित करने से रसायन विज्ञान ने अपनी अद्वितीय एवं विलक्षण क्षमता का भी परिचय दिया है। इस कारण यह अति उपयोगी तथा सृजनात्मक विज्ञान सिद्ध हुआ है। यह प्रेक्षित किया गया है कि द्रव्य या सामग्री विज्ञान, पर्यावरणीय विज्ञान, जैव रसायन तथा आणविक जीव विज्ञान आदि ऐसे क्षेत्र हैं जिनमें रसायन विज्ञान बहुत बड़े घटक के रूप में समाविष्ट है।

यदि हम विज्ञान के सभी विषयों की तुलना करें तो यही एकमात्र ऐसा विज्ञान है जो कभी भी बंद नहीं होगा न ही इस विज्ञान के अध्ययन में विद्यार्थियों की कमी होगी। वैज्ञानिक ऐसी कल्पना कर रहे है कि आगामी 25 वर्षों में जीव विज्ञान के समीप तथा द्रव्य सामग्री विज्ञान के इर्द–गिर्द समस्त अनुसंधान कार्य होगा। कालांतर में जीवविज्ञान के क्षेत्र में रसायन विज्ञान का प्रयोग ही नूतन अन्वेषण क्षेत्र होगा। भविष्य में 'जीवन का निर्माण' विषयक अनुसंधान क्षेत्र रसायनविदों के लिए चुनौती होगी। क्योंकि यह क्षेत्र जीव विज्ञान से जुड़ा हुआ होगा।

वस्तुतः यह सर्वविदित है कि रसायन विज्ञानी जीवन के स्तर को सुधारने में प्रयासरत हैं तथा वे वैकल्पिक औषधि की तैयारी में भी हैं। रसायन विज्ञानी प्रकृति में उपलब्ध औषधीय पौधों के विविध यौगिकों को सुधरे निदानसूचक उपकरणों (Diagnostic tools) से पहचान सकते हैं। इतना ही नहीं, अब तो "जीन चिकित्सा" या "प्रोटीन थैरेपी" की भी चर्चा की जाने लगी है। अर्थात् रसायन विज्ञानी अब लघु अणुओं की खोज में हैं जिन्हें नियामकों के रूप में प्रयुक्त किया जा सके।

आगामी वर्षों में रसायन विज्ञान का चमत्कारिक प्रभाव तंत्रिका विज्ञान या Neuro Science के क्षेत्र में दिखाई दे रहा है। ऐसा अनुमान है कि अगले 25 वर्षों में तंत्रिका रसायन मस्तिष्क के कार्य एवं स्मृति की प्रकृति के विषय में बहुत कुछ बताने में सक्षम हो सकेंगे।

इसके फलस्वरूप वे नशीली दवाओं की आदत, भूख, क्रोध, भय, तनाव, मानव बुद्धि और विद्या आदि के विषय में ढंग से हस्तक्षेप कर सकेंगे। इस तरह रसायन विज्ञान तथा मस्तिष्क (मन) के पारस्परिक संबंध के बारे में बहुत कुछ सीखा जा सकेगा। अभी नींद का रहस्य भी सही ढंग से उजागर नहीं हुआ है। कुछ लोग तो अत्यधिक समय तक सोते ही रहते हैं तो कुछ कम समय तक ही सो पाते हैं। अतः यह आभास किया गया है कि यदि सही रसायनों के मिश्रण का प्रयोग किया जाय तो संभव है कि रात में केवल एक घंटा सोने की आवश्यकता पड़े। इन सबका एकमात्र हल रासायनिक ही होगा।

आगामी दशकों में संश्लेषण कार्य के क्षेत्र में भी महत्वपूर्ण प्रगति होने की संभावना है। उदाहरण के तौर पर जटिल कार्बोहाइड्रेटों का संश्लेषण भी आवश्यक है। वस्तुतः सारे ऐंटीजन (Antigens) भी जटिल कार्बोहाइड्रेट हैं। इस तरह इनका औषधीय प्रयोग हो सकेगा। आज हम आनुवांशिक अभियांत्रिकी (Genetic Engineering) के किनारे पर पहुँच चुके हैं।

ऐसी संभावना है कि आगामी दशकों में रासायनिक सक्रियता (Chemical Activity) के क्षेत्र में हो रहे अनुसंधान से महत्वपूर्ण प्रगति की प्रबल संभावना है। कम्प्यूटरों की सहायता से शीघ्र ही सम्पूर्ण अभिक्रिया का अध्ययन संभव हो सकेगा। इस तरह से किसी अभिक्रिया को चालू करने के लिए किस प्रकार के उत्प्रेरक की आवश्यकता होगी, इसके बारे में भी यथेष्ट जानकारी प्राप्त हो सकेगी। तथा इसके आधार पर यह बताना संभव हो सकेगा कि दो पदार्थों के बीच कौन सी अभिक्रिया होगी। भविष्य में नूतन वैश्लेषिक प्रविधियों के विकास के फलस्वरूप लघु से लघुतर मात्राओं के अणु के परिमाण को भी मापा जा सकेगा। वैज्ञानिक कालांतर में द्रव्य/सामग्री विज्ञान के क्षेत्र में भी महत्वपूर्ण प्रगति होने हेतु आशान्वित हैं। उदाहरण के तौर पर इच्छित अवधि तक टिकाऊ रहने वाले पुल निर्माण हेतु आवश्यक सामग्री तैयार करना भी संभव हो सकेगा। फुल्लरीनों के क्षेत्र में हो रहे अन्वेषण के फलस्वरूप विविध प्रकार के नैनोट्यूब भी बनाना संभव हो सकेगा। रसायन विज्ञान के कारण विद्युत् मोटरकारों की खोज भी संभव हो सकेगी।

ऐसा प्रबल संभावनाएँ है कि रसायन विज्ञान के कालांतर में होनेवाले अनुसंधानों के कारण कृत्रिम भोजन तैयार करना भी संभव हो

सकेगा। ऐसी कृत्रिम वसाएँ तैयार की जा रही हैं जो वसाएँ मूलतः नहीं हैं। भारतीय मूल के डॉ. वेंकटरामन रामकृष्णन (चित्र 115) को, जो इंग्लैंड में कैम्ब्रिज यूनिवर्सिटी की एमआरसी लेबोरेटरी ऑफ मॉलीक्यूलर बायोलॉजी में कार्यरत है, को कोशिकाओं की प्रोटीन फैक्टरी का भेद खोलने हेतु वर्ष 2009 का रसायन विज्ञान का नोबल पुरस्कार प्रदान किया गया है।

चित्र – 115. भारतीय मूल के डॉ. वेंकटरामन रामकृष्णन

आज सम्पूर्ण विश्व में प्रदूषण एवं ग्लोबल वार्मिंग से त्रासदी हो रही है। अतः आगामी वर्षों में नाभिकीय शक्ति उद्योग का उपयोग भी उजागर होगा। जैसा कि विदित ही है रसायन विज्ञानी सदैव नई–नई चीजें, नये अणु, नये उत्प्रेरक तथा नये यौगिक बनाने में प्रयासरत रहते हैं। तथा वे इन परमाणुओं को नये–नये तरीकों से व्यवस्थित करके नये उत्पादों का सृजन कर सकते हैं, जो अन्य विज्ञान की शाखाओं में कदापि संभव नहीं है।

वस्तुतः गुण एवं दोष तो हर पदार्थ के होते हैं। रसायनविज्ञान भी इससे अछूता नहीं है। यद्यपि रसायन विज्ञान ने अपनी विलक्षण क्षमता से विश्व में विज्ञान के क्षेत्र में ही नहीं वरन् आर्थिक, सामाजिक एवं अन्यान्य क्षेत्रों में अपनी अमिट छाप छोड़ी है तथापि रसायनों से हो रहे

प्रदूषण के दुष्परिणामों से इस विज्ञान के अध्येता बेचारे निंदा के पात्र भी बन जाते हैं। परन्तु यह निश्चित तौर पर कहा जा सकता है कि प्रदूषण का उपचार अथवा स्वच्छ पर्यावरण की संकल्पना भी रसायनों के द्वारा ही संभव हो सकेगी।

अतः यह निर्विवाद सत्य है कि आगामी सदी में रसायन विज्ञान का स्वर्णिम काल होगा तथा हमें इस विज्ञान का बहुत ही विवेकपूर्ण तरीके से मानव कल्याण एवं राष्ट्रोन्नति में उपयोग करना होगा।